뛰고 보니 과학이네?

뛰고 보니 과학이네?

운동으로 배우는 물리학

김형진 지음

다른

"힘이 뭐야?"

"응, 'F=ma'야."

"운동량은?"

"아, 그건 일상에서 잘 안 쓰는 용어라 어려울 수 있는데 '질량과 속도의 곱'을 말해."

흔히 물리학을 일상과 동떨어진, 과학자나 공부하는 어려운 학문으로 생각한다. 학교를 졸업하고 나면 'F=ma' 같은 간단한 공식만이 그나마 물리를 배웠다는 흔적처럼 머릿속에 남는다. 하지만 그 공식의 뜻을 제대로 아는 사람은 많지 않다. m과 a가 무엇을 뜻하는지조차 모르는 사람도 많다. 많은 사람에게 물리 지식은 그들의 삶에서 머나먼 우주의 안드로메다만큼 동떨어져 있다.

물리를 열심히 공부해도 어려워하는 사람들은 공통점이 있다. 그저 공식이나 문제 유형만 열심히 외우려는 태도를 가졌다는 점이다. 짧게 공부해서 시험을 보기에는 괜찮은 방법이다. 공식에 숫자만 대입하면 답은 대충 맞힐 수 있기 때문이다. 하지만 여러 단원을 배우고 난 뒤에 물리 시험을 보면 혼란스럽다.

'어떤 공식을 써서 풀어야 할까? 이 공식을 여기 적용하는 게 맞는 걸까?'

공식에는 없는 값이 문제에서 언급되기 시작하면 불안해진다.

'이 공식을 쓰는 것이 아닌가?' 때로는 열심히 외운 공식마저 다시 헷갈리기도 한다. 'V=IR'이라고 외우긴 했는데, '이게 뭐 하는 공식이지?' 하는 물음이 든다. 머릿속에서 떠오르기는 하는데 그저 그림 같은 문자에 지나지 않는다. 물리학자 앨버트 아인슈타인의 얼굴과 함께 종종 보는 공식 'E=mc²'은 그 문자가 너무 익숙해 마치 내가 상대성이론을 아는 것 같은 착각마저 일으킨다.

그런데 물리를 재미있어 하는 사람은 접근법이 다르다. 단지 외우기만 하지 않는다. 결과보다는 과정에 의문을 던진다. '왜 이런 공식이 나왔지?', '공식이 뜻하는 것은 뭐지?', '다르게 정의하면 안 되나?' 물리학자는 이런 고민을 가지고 여러 가지 실험을 해본다. 머릿속으로만 생각해서 결과를 예측하는 사고실험도 있다. 물론 상상 속의 실험이지만 논리가 탄탄하면 하나의 법칙으로 인정받는다. 아인슈타인이 잘했던 것도 사고실험이다. 타임머신, 블랙홀, 다중우주와 같이 인간의 감각을 초월한 세상에 대한 지식은 바로 이 사고실험에서 시작되었다. 물리학자는 이렇게 이해의 범위를 넓히며 자연의 신비를 밝혀 나간다. 그렇게 찾고 받아들인 공식과 지식은 세상 어디든 적용할 수 있는 막강한 무기가 된다. 한 번 제대로 이해한 물리는 너무 쉽고 재미있다.

물리는 참 오묘하다. 대충 설명하면 쉽게 받아들이고, 자세히 설명하면 어려워한다. 예를 들어 '힘이란 무엇인가?'를 설명할 때 '당기거나 밀치는 것이 힘이야'라고 말하면 다들 쉽게 생각한다. 하지만 '힘은 운동의 변화를 만들어. 그런데 질량이 큰 물체에 작용하면 그 변화가 약해. 게다가 힘을 가한다고 그 힘이 그대로 작용하는 것이 아니라 다른 힘과의 합력알짜힘에 의해 그 효과가 나타난단 말이야'라고 말하면 곧장 '무슨 소리야?' 하는 반발을 한다. 그러나 물리가 어려운 이유는 처음 배울 때 그 심오함을 무시하면서 하나둘씩 놔버리는 내용 때문이기도 하다. 처음부터 쉽게 이해하려고만 하면 나중에는 감당할 수 없을 정도로 어려워져서 손을 놓게 된다. 일상에서 당연하다고 여겨지는 것부터 하나씩 생각해 보면서 공식 하나하나를 내 것으로 만드는 힘을 길러야 한다. 이를 위해 이 책을 썼다.

스포츠는 일상에서 너무나도 익숙하게 접하는 활동이다. 이 책에서는 '당연하지!'가 아니라 '왜?'라는 질문을 하며 스포츠에 담긴 과학의 원리를 찾는다. 질량의 정체, 운동의 원리, 가속의 의미 등을 이해하며 숨겨진 자연의 법칙을 찾아내는 짜릿함을 맛볼 수 있을 것이다. 그렇게 이해한 법칙을 운동뿐만 아니라 생활 속에 여러 모로 적용해 볼 수도 있을 것이다. 지식을 단순하게 이해하려고만 하는 사람에게는 어려운 주문이 될지도 모르겠다. 하지만 공식이 왜 나왔는지, 공식이 어떤 의미인지 제대로 알고자 고민을 하는 사람에게는 좋은 길잡이가 될 것이라 본다.

이 책을 읽으며 물리학이 어려울 것이라는 편견은 내려놓고 공식과 설명 하나하나를 꼼꼼히 보고 음미해야 할 것이다. 바쁜 길을 가는 사람은 쓸데없는 시간 낭비라고 생각할 수도 있겠지만, 그 과정을 거쳐 물리학을 이해하는 새로운 열쇠를 찾을 수 있을 것이다. 단 한 번에 모든 것을 이해하기란 어렵다. 그러나 생각에 잠기며 몇 번씩 보다 보면 물리학의 매력을 서서히 발견하고 언젠가는 세상의 모든 현상을 설명해 내는 눈부신 마법까지 마주하게 될 것이다.

2019년 3월 김형진

1. 관성의 법칙

모든 운동의 본질

신나는 주말, 친구들과 함께 놀이공원에 가려고 버스를 탔다.
들뜬 마음으로 목적지로 향하는데 버스가 갑자기 멈추자
몸이 앞으로 확 쏠려 넘어질 뻔했다. 멍 때리고 있다가는 또
넘어질까 봐 조마조마하다. 놀이기구가 따로 없네. 누가
밀기라도 하는 걸까?

멋진 슬라이딩 태클은
어떻게 가능할까?

✖

관성의 법칙

운동장에서 친구들과 함께하는 신나는 축구 시합!
상대편 친구가 수비수를 돌파하는 실력이 뛰어나
오늘따라 더욱 긴장감이 흐른다. 아니나 다를까
그 친구가 우리 편 골대로 힘차게 드리블해 온다.
아뿔싸! 어서 막아야 할 것 같다.
어떻게 해야 할까? 빛의 속도로 막을 방법이 없을까?
재빠르게 공을 뺏기 위해 슬라이딩해서 태클을 건다.
상대 선수의 발밑으로 미끄러져 잘하기만 하면
큰 충돌은 피하면서 공은 빠르게 걷어 낼 수 있는 멋진
기술이다. 친구의 약이 바짝 오를 것이다.
그런데 어떻게 뛰던 발을 멈췄는데 스르륵 미끄러져
상대방의 공을 휙 걷어 낼 수 있을까?

물체는 항상 운동한다?

슬라이딩 태클의 미끄러지는 힘을 이해하기 위해 꼭 알아야 할 운동의 법칙이 있다. 바로 모든 물체는 외부 힘을 받지 않는 한 운동 상태를 유지한다는 사실이다. 멈춘 것은 멈춘 채로, 움직이던 것은 그 움직임을 영원히 유지한다. 이것이 바로 물리학자 아이작 뉴턴이 정리한 제1법칙에 따른 물체의 운동이다.

> ✖ 뉴턴의 제1법칙: 관성의 법칙
> 물체에 다른 힘이 작용하지 않는다면 그 물체는 운동 상태를 유지한다. 즉 정지한 물체는 계속 정지하고, 움직이는 물체는 그 운동 속도를 유지한다.

물체는 외부의 힘을 받지 않는 한 운동 속도를 유지한다. 그렇기에 속도가 변하려면 힘이 있어야 한다.

그런데 이 이야기는 좀 이상하지 않은가? 우리의 경험과 다르다. 우리가 본 모든 물체는 힘을 뺀 순간부터 운동을 멈추지 않던가? 힘을 줘서 물체를 끌다가도 힘을 빼 버리면 멈추는 것은 어린 아이도 아는 상식이다. 굴러가던 구슬이라도 어느 순간 멈춘다. 슬라이딩할 때도 마찬가지다. 한동안 미끄러지는 움직임이 멈추지 않고 쭉 나아가지만 결국은 멈춘다.

고대 그리스의 유명한 철학자 아리스토텔레스는 물체의 정지 상태가 자연스러운 상태고 물체의 운동은 외부에서 어떤 힘이 작용해서 일어나는 현상이라고 설명했다. 이 설명은 잘못되었지만 잘 생각해 보면 힘과 운동의 관계에 대한 단서를 얻을 수 있다. 아무런 힘이 작용하지 않는 것처럼 보여도 보이지 않는 또 다른 힘이 있는 것은 아닐까? 그 힘의 영향을 받아 움직임이 변하는 게 아닐까? 맞다. 보이지 않는 힘은 접촉하는 두 물체 사이에서 움직임에 저항해 두 물체가 같이 붙어 있게 하려는 마찰력이다.

자기력 덕분에 레일에 직접 닿지 않는 자기부상열차처럼, 표면과의 마찰력이 사라지는 특별한 조건이 없는 한 지구상에는 마찰력이 늘 있다. 따라서 움직이다가 멈추는 물체는 운동 상태를 계속 유지한다는 관성의 법칙에 어긋나는 것처럼 보이지만, 사실 외부의 힘이 작용하는 것이다.

만약 슬라이딩하는 데 마찰력이 없다면 어떤 일이 벌어질까? 슬라이딩하던 자세로 쭉 미끄러져 나갈 것이다. 앞에서 막아 주는 벽이나 사람이 없다면 절대 멈출 수 없어서 지구를 벗어날지도 모른다. 중력마저도 없다면 영원히 지구와 작별이다! 그런데 그 전에 달릴 수는 있을까? 멈춘 상태였다면 슬라이딩은 물론이고 애초에 달리지도 못했을 것이다. 지구 표면의 모든 물체는 중력과 마찰력을 바탕으로 운동하기 때문이다.

뉴턴은 물체의 운동을 기술하기 위해 미적분학을 고안하고

1687년 출판된 《프린키피아Principia》라는 책에서 역학力學이라는 학문을 정립했다. 뉴턴의 제1법칙인 관성의 법칙은 아무런 힘이 작용하지 않을 때 물체가 어떻게 운동하는지 설명한다. 이 법칙을 통해 운동의 본래 모습을 생각할 수 있다.

계속 운동하려는 성질, 관성

아무런 힘을 받지 않는 물체의 운동에서 생각을 넓히면 또 다른 현상을 이해할 수 있다.

앞서 살펴보았듯 운동하는 물체는 계속 운동하며 정지한 물체는 계속 정지하려는 성질이 있다. 이를 관성이라고 한다.

등굣길에 탄 버스가 갑자기 멈추면 몸이 앞쪽으로 쏠린다. 이는 버스가 계속 달리고 있었기 때문이다. 달리는 버스의 관성 때문에 승객은 앞쪽으로 쏠리는 힘을 느끼게 되는데, 이 힘이 바로 관성력이다.

그런데 관성력은 실제로는 없는 가상의 힘이다. 버스 밖에서 바라보는 사람과는 달리 버스 안에 있는 사람만이 느낄 수 있는 힘이어서다. 버스가 계속 달리고 있을 때야 아무런 느낌이 없지만 그 버스가 멈추면 갑자기 누군가가 나를 밀치거나 당기는 듯한 느낌을 받는다는 뜻이다. 이런 가상의 힘은 일정한 속도로 운동하는 공간이 힘을 받아서 운동 상태가 변할 때, 내부의 사람 혹은 물체가 외부의 운동 변화와 상관없이 원래의 운동을 유지함에 따라 공간에 대해 상대적으로 힘을 받는 것이다.

또 어떤 예를 들 수 있을까? 우리가 어떤 공간에 갇혀 있다는 것을 느낄 수 없을 만큼 엄청나게 커다란 우주선이 있다고 해보자. 우주선 안은 지구와 같은 땅과 강, 숲, 하늘로 꾸며져 있다. 그 안에 사는 사람들은 우주선이 가속하거나 충돌과 같은 힘을 받을 때 갑자기 알 수 없는 존재가 나에게 힘을 가한다고 생각하지, 우주선이 힘을 받는다고 생각하지는 못할 것이다. 이때 공간이 운동하는지 정지해 있는지는 중요치 않다. 앞으로 자세히 설명하겠지만 누가 움직이는지 말하는 기준은 상대적이기 때문이다.

한 걸음 더 나아가 우주선이 지구처럼 $9.8m/s^2$미터 매 초 제곱으로 가속 운동을 하고 있다면 우주선 안의 사람은 지구와 같은 중력까지도 받게 될 것이다. 물론 내부의 사람은 지구가 당기는 힘인지 관성력인지 알 길이 없다.

엘리베이터에서 눈을 감고 명상에 잠겨 보자. 달 위에 서 있는 것처럼 잠시 가벼워지는 느낌을 받을 수도 있고, 목성과 같이 지구보다 중력이 큰 행성에 있는 기분도 잠시 든다. 엘리베이터 줄이 끊어져서 자유낙하한다면, 잠시 지구를 벗어나 허공에 떠 있는 듯한 무중력 상태도 체험할 수 있다. 가속하는 커다란 엘리베이터 안에서 무게를 더 느끼는 것과 큰 천체가 당겨서 무게를 느끼는 것은 서로 뭐가 다를까? 앨버트 아인슈타인은 이런 생각을 일반상대성이론으로 발전시켰다.

밖을 볼 수 없는 하나의 커다란 공간계, system 속에서 우리는 움직이고 있는지 멈춰 있는지 알 수 없다. 하지만 우리를 둘러싼 공간이 힘을 받아 가속하는 순간 관성력을 통해 우리가 그동안 등속도나 정지 운동을 하고 있었음을 알 수 있다.

중력이 없는 세상에 산다면

오래전부터 인간은 지구 표면이라는 활동 공간 속에서만 운동의 법칙을 설명하려고 했다. 하지만 지구 표면에는 중력과 마찰력이 항상 있으므로 아무런 외부 힘이 작용하지 않는 물체의 운동을 설명하는 데 혼란을 가져왔다. 너무나 친숙해서 있다고 의식하지도 못하는 중력이 어느 날 없어졌다고 생각해 보자. 그러면 아무런 힘이 없는 세상을 상상해 볼 수 있을 것이다.

체육 시간에 운동장을 뛰는데 갑자기 지구가 사라져서 우주 공간에 붕 떠 있게 되었다고 해보자. 지구뿐 아니라 태양과 행성 그리고 별까지도 사라졌다고 상상해 보자. 이때 과연 내 몸이 앞으로 나아간다고 느낄 수 있을까? 아마도 가만히 떠 있다고 느낄 것이다. 교실 책상에 조용히 앉아 수업을 듣는 도중이었다고 가정해도 마찬가지다. 지구는 공전과 자전을 하므로 우리도 늘 같이 움직이고 있다. 그런데 지구가 사라지면 우주라는 공간 안에 자신만 홀로 떠 있게 되어 움직이는지 멈췄는지 알 수 없다. 지구 자전으로 오른쪽으로 날아가던 우리나라의 지민이나 지구 반대쪽에서 왼쪽으로 날아가던 아르헨티나의 엘리사 모두가 자신은 멈춰 있고 상대가 움직인다고 생각할 것이다. 혹은 상상하기에 따라서 상대는 가만히 있는데 자기가 움직인다고 착각할 수도 있다. 정답은 없다. 움직임에 대한 기준이 사라졌기 때문이다. 그동안 우리는 움직이는 지구 바닥을 중심으로 자신의 움직임을 이야기했을 뿐이니까.

따라서 힘이 작용하지 않으면 '정지한다'는 말보다 '운동 상태를 유지한다'는 말이 정확하다. 특정한 기준에 따라 움직인다고도 움직이지 않는다고도 말할 수 있어서다. 물체의 운동은 비교 대상과 견준 상대적인 속도만 이야기할 수 있다. 다음 장에서는 움직임의 기준에 대해 더 자세히 알아보자.

움직였을까,
안 움직였을까?

✖

상대속도

햇볕이 내리쬐는 한여름, 푸른 강 한가운데서 시원한 바람을 맞으며 하는 윈드서핑은 최고다. 파도 위에 몸을 맡기다 보면 어느새 더위도 잊는다. 그런데 서핑을 막 배우기 시작하면 재미있는 경험을 할 수 있다. 움직임이 헷갈릴 때가 많아서다. 서핑 보드 위에서 넘어지지 않으려고 애를 쓰다 보면 나도 모르는 사이에 강 하류로 멀리 떠내려 와 있기도 하다. 그러던 중 다른 서핑 보드에 탄 사람이 돛을 펼쳐서 옆을 지나가는 것을 보고 '우아, 어쩜 저렇게 잘 타지?' 하고 감탄하는데 사실은 그 사람은 제자리에 멈춰 있었고 움직인 쪽은 나라는 사실을 뒤늦게 깨닫기도 한다. 어째서 이렇게 알쏭달쏭한 일이 벌어지는 걸까?

움직임의 기준은 대체 무엇일까?

윈드서핑을 배우다 보면 관찰한 사람의 시점에 따라 움직임의 기준이 달라지는 것을 알 수 있다. 한창 서핑 중인 사람은 자신이 멈춰 있다고 느낄 수 있지만, 육지에서 관찰하면 보드의 움직임이 다르게 보일 수 있다. 과연 움직임에는 명확한 기준이 있는 걸까?

군이 물이 있는 강으로 가지 않더라도 우리의 일상 속에서 움직임이 헷갈리는 경험은 쉽게 할 수 있다. 위아래로 움직이는 엘리베이터라든지 부드럽게 움직이는 지하철이나 기차를 탄 경험을 떠올려 보자. 잠깐 졸다가 역에 도착했다는 소리에 화들짝 잠에서 깬다. 그 순간 지하철이 움직이고 있어 '아차, 내릴 역을 놓쳤구나!' 하며 당황하는데 사실은 반대쪽 지하철이 움직이고 있었다는 것을 뒤늦게 깨닫는다. 이런 식으로 내가 탄 지하철이 출발한다고 착각한 경험을 한 번쯤은 해봤을 것이다. 이는 운동을 관찰하는 눈이 착각한 것이다.

만약 눈을 쭉 감고 있었다면 어떨까? 이때도 지하철이 움직이는지 멈춰 있는지 느낄 수 있을까? 자기부상열차처럼 차가 레일이 닿지 않아 아예 위아래로 흔들림이 없다면 어떨까? 우리는 늘 주변에서 서로 비교할 수 있는 사물을 통해 움직이는지 아닌지 간접적으로 느낄 뿐이다. 다만 우리 몸은 정밀한 가속계와 같다. 일정한 속도로 움직일 때는 알 수 없지만 갑자기 움직이거나 멈추는 등 속도가 변하는 순간은 민감하게 느낀다.

그런데 움직임의 기준이 모호한 것은 우리 몸의 감각이 지닌 한계 때문이 아니다. 본래 자연에는 누가 움직이고 멈춰 있는지에 대한 절대적인 기준이 없다. 조금 깊이 생각해 보면 지구도 움직인다. 그렇기에 지구상에서 일어나는 운동의 기준인 땅도 제자리에 있는 것이 아니라 끊임없이 움직이고 있다. 그렇다면 태양은? 우리 은하를 중심으로 돌고 있다. 다른 별도, 은하도 마찬가지다. 이 우주에서 움직이지 않는 물체는 없다.

따라서 '움직이지 않는다'라는 말을 '운동 상태를 유지한다'라는 말로 바꿀 수 있다. 무엇을 기준으로 삼는지에 따라 움직이는 물체도 달라지기 때문이다. 즉 우리는 어떤 물체의 움직임을 말할 때 비교 대상과 견준 속도만을 이야기할 수 있다. 물리학에서는 어떤 물체에서 다른 물체를 본 상대적인 속도를 '상대속도'라 일컫는다.

운동의 기준과 원인에 대한 생각의 역사

과거의 과학자들은 무엇이 멈춘 상태인지에 대한 절대적인 기준이 있을 거라 여겼다. 뉴턴이 살던 17세기까지만 하더라도 그런 믿음이 이어졌다. 그러다가 19세기 말에 과학자 앨버트 마이클슨과 에드워드 몰리가 정지의 기준이 없다는 것을 증명하는 매우 중요한 실험을 해냈다. 바로 에테르ether를 측정하는 실험이었다.

에테르란 19세기 말까지 과학자들이 빛을 이동시키는 매질이라고 믿은 물질이다. 빛은 파동이어서 이동하려면 진동을 전달하는 매개 물질이 필요한데, 우주 공간이 에테르로 가득 채워져 있어 빛이 움직일 수 있다고 믿었다. 마이클슨과 몰리는 에테르가 태양을 중심으로 멈춰 있는지, 아니면 태양이 아닌 다른 곳에 우주의 중심이 있어 특정한 방향으로 흐르고 있는지를 확인하고자 했다. 그런데 지구의 이동 방향과 상관없이 빛의 속도가 일정하다는 사실을 알아냈다. 이는 에테르처럼 공간을 채우는 물질이 없음을 뜻했다. 이 실험으로 세상에 절대적으로 정지한 것은 없다는 사실을 증명했다.

20세기의 천재 과학자 아인슈타인은 운동에 대한 절대적인 기준이 없다는 것에서 출발해 상대적인 시간과 공간을 설명하는 특수상대성이론으로 세상에 대한 이해를 더욱 넓혔다. 힘이 작용하지 않는 물체가 어떤 운동을 하는지에 대한 논의를 시작으로 상대론까지 추론할 수 있다니, 자연을 탐구하는 인간의 지성이 대단하지 않은가?

더 과거인 14세기에는 물체의 운동을 임페투스impetus, 추동력라는 개념으로 설명했다. 물체에 운동의 근원이 되는 힘의 덩어리가 있다고 보고 이를 임페투스라고 불렀다. 어떤 물체를 던지면 그 물체는 가지고 있는 임페투스를 소비하면서 앞으로 나가다가 힘의 덩어리가 다 떨어지면 멈춘다는 것이다. 이때 물체의 질량이 클수록, 속도가 빠를수록 그 힘의 덩어리가 커진다. 임페투스는 운동량의 개념과 비슷하지만 다르다. 17세기 말 뉴턴이 힘의 운동 효과를 뉴턴의 법칙으로 정리하면서 물체의 운동을 임페투스로 설명하는 이들도 사라졌다.

왜 덩치 큰 사람이
몸싸움에 강할까?

✖

운동량

소풍을 맞아 친구들과 해변의 백사장으로 갔다.
친구들과 배구를 하느라 시간 가는 줄 모르고 있는데,
어떤 덩치 큰 녀석이 다가오더니 공을 잡고 달아난다.
같이 놀고 싶어서 장난기가 발동했나 보다.
공을 뺏기 위해 친구들이 달려들기 시작한다. 조그마한
친구들이지만 여러 명이 달라붙으니 덩치 큰 친구가
헉헉 대면서 우리에게 잡힌다. 제일 작은 녀석이 잽싸게
도망가려는 친구의 허리를 감싼다. 그런데 이 녀석은
아랑곳 않고 작은 녀석을 매달고 계속 달린다. 정말이지
놀라운 괴력이다. 과연 내가 도망가다 잡혀도 이렇게
친구를 끌고 달릴 수 있을까?

운동량이란 운동의 정도를 뜻한다. 물체의 운동을 얼마나 멈추기 힘든지로 가늠할 수 있다. 앞선 소풍 장면에서 공을 빼앗아 달려가는 덩치 큰 친구는 여러 명이 달라붙어서야 멈췄다. 운동량이 크기 때문이다.

운동량이 큰 물체는 멈추는 것이 어렵다. 반대로 운동량이 작다면 쉽게 운동을 멈출 수 있다. 무거운 녀석은 덩치가 작은 녀석에 비해 운동량이 크다. 그래서 덩치 작은 녀석이 붙잡아도 쉽게 멈추지 않는다. 그런데 덩치가 크다고 운동량이 다 큰 것은 아니다. 달리다가 지쳐서 가만히 멈춰 있었다면 운동량이 없으니까 쉽게 잡혔을 것이다. 따라서 운동량을 말하려면 무게와 속도를 같이 고려해야 한다. 이 녀석이 달리기마저도 빠르면 어떻게 되었을까? 어휴! 게임 끝이었을 것이다. 한편으로는 이 녀석이 우락부락하지 않았다면 친구들이 우르르 매달리지 않고도 너무 쉽게 잡혀서 시시하게 끝났을 것이다.

또 다른 예로 비비탄 총을 들어 보자. 친구들과 비비탄 총으로 누가 더 많은 종이를 뚫는지 대결한다고 해보자. 같은 비비탄 총알이라도 강한 힘으로 발사하면 종이를 여러 장 뚫고 나서야 멈추는데 약한 총으로 발사하면 총알이 종이 한두 장만 뚫고 바닥에 떨어진다. 결국 총알의 속도가 운동량을 결정한다.

따라서 운동량은 질량과 속도가 클수록 커진다고 이해할 수 있다. p를 운동량, m을 질량, v를 속도라 할 때, 공식은 다음과 같다.

$$p = mv$$

　p는 임페투스를 뜻하는 라틴어 petere페테레에서 따온 것으로 운동량을 뜻한다. 질량은 이를 뜻하는 영어를 줄여 m mass이라고 하고, 속도는 v velocity라고 표기한다. 움직이는 방향까지 생각한 속도는 화살표 모양의 벡터를 써서 속력과 구분한다. 물리학에서는 속력speed과 속도를 엄밀하게 구분한다. 속도는 빠르기를 뜻하는 속력에 운동의 방향까지 고려한 개념이다. 일상에서는 속력과 속도를 크게 구분하지 않지만 운동을 설명할 때는 속도라는 단어를 더 많이 사용한다.

$$\vec{p} = m\vec{v}$$

　여기에서 한 가지 더. 왜 일상적인 말인 '무게' 대신 '질량'이라는 단어를 쓸까? 무게는 지구가 질량을 가진 물체를 아래로 잡아당기는 힘을 말한다. 중력이 없는 곳에서도 운동량은 나타날 수 있으므로 무게 대신 질량으로 말하는 것이 정확한 표현이다.

운동량의 효과를 잘 보여 주는 경기가 볼링 경기다. 핀을 쓰러트리기 위해 굳이 무거운 볼링공을 들어야 하는 이유는 운동량이 충분해야 핀을 여러 개 쓰러트리고도 계속 밀고 나갈 수 있기 때문이다. 비치볼은 쉽게 굴릴 수는 있겠지만 너무 가벼워서 핀이 있는 곳까지도 못 갈 것이다. 그러기는커녕 엉뚱한 방향으로 데구르르 굴러 갈지 모른다.

가벼운 물체는 쉽게 속도를 낼 수 있지만 그만큼 쉽게 속도를 잃을 수 있다. 따라서 공은 운동경기에 따라 적합한 무게가 있다. 볼링공을 한 번만 굴려 열 개의 핀을 모두 쓰러트리기 위해서는 공에 충분한 운동량이 필요하다. 몸 뒤에서부터 앞까지 크게 움직여 공에 충분한 힘을 가해 운동량을 크게 한다. 이때 단지 공의 속도가 빠르다고 해서 핀을 모두 쓰러뜨릴 수 있는 것은 아니다. 공의 질량도 충분해야 다른 물체를 치고도 운동량이 남는다. 만약 테니스공을 사용해서 굴린다면 공에 충분한 힘이 가해지지 않아 속도가 볼링공과 같다고 하더라도 운동량이 작다. 그렇다고 해서 공이 너무 무거우면 힘을 싣기 힘들어 충분한 속도로 공을 굴릴 수 없고, 통제하기도 어렵다. 그래서 볼링공은 볼링 경기에 딱 맞는 질량과 모양을 갖췄다. 한 손으로 들면 꽤 무겁지만 이 무거움 덕분에 핀을 잘 쓰러트릴 수 있다.

가속한다는 것, 즉 속도가 변한다는 것은 힘을 받는다는 뜻이다. 두 물체가 각자의 운동 상태를 유지하다가 부딪치면 충돌의 영향으로 두 물체의 운동 상태 즉, 속도가 바뀐다.

서로 다른 운동을 하고 있는 물체 각각은 관성이 있으므로 부딪치는 순간 각각의 운동 일부를 서로에게 전달한다. 관성이 작은, 다시 말해 질량이 작은 물체와 부딪치는 경우 물체는 운동의 변화가 작지만 질량이 큰 물체와 부딪치면 큰 영향을 받는다. 반면 충돌했던 물체 역시 영향을 받는데, 질량이 작으면 운동의 변화가 크고, 질량이 큰 경우 운동의 변화가 작다. 볼링공은 핀에 비해 질량이 크므로 핀과 부딪쳤을 때 속도의 변화가 거의 없지만 핀은 충돌에 의해 쓰러지고 획 밀려나간다. 큰 차를 탈수록 사고에서 안전하다는 이유도 바로 이 때문이다. 질량이 크면 운동의 변화가 적고 그래서 큰 차에 있는 사람은 적은 관성력을 받게 된다. 더 정확히 표현하자면 단순히 커다란 차보다 무거운 차를 탈수록 사고에서 안전하다.

자전거로 느끼는 운동량 보존의 법칙

✖

운동량 보존

처음 자전거를 탄 날, 친구가 뒷좌석에 타고 내가
넘어지지 않게 발로 균형을 잡아 줬다. 떨리는 마음을
다스리며 아슬아슬하게 자전거를 타는데 갑자기 속도가
빨라지면서 확 달려 나가는 느낌! 이 순간이 바로
친구가 자전거에서 떨어졌을 때다. 하지만 어느 순간부터
뒤에서 내렸는지 알지 못한 채 신나게 달렸을 것이다.
여기에서 질량과 운동량의 관계를 살펴보기 위해서는
두 가지 경우를 생각할 수 있다. 뒷좌석에 있던 친구가
제자리에 멈추며 내렸을 때와 자전거와 속도를 맞추며
달렸을 때다.

질량이 변해도 운동량은 보존된다

운동하는 물체의 질량이 변한다고 해도 그 속도가 그대로 유지될까? 운동량은 속도와 질량의 곱이니 질량이 변하면 운동량이 바뀌는 것이 당연해 보인다. 그런데 질량이 변해도 운동량이 그대로 유지된다면 속도가 변했다는 말이 되고, 그러면 외부의 힘이 없을 때 속도가 유지된다는 뉴턴의 제1법칙에 어긋나는 것이 되지 않을까?

운동하던 물체의 질량이 바뀌면 과연 어떻게 될까? 그 답은 조건에 달려 있다. 움직이는 물체 내부에서 힘이 작용해 일부가 떨어져 나가는지, 힘의 작용 없이 분리되어 떨어져 나가는지에 달렸다. 어느 방법을 선택하는가에 따라 두 물체의 속도가 변할지가 결정된다. 하지만 분리된 질량까지 고려한다면, 즉 두 물체를 하나의 계로 본다면 전체의 운동량은 보존된다고 볼 수 있다.

자전거로 이해하는 운동량 보존의 법칙

55킬로그램인 사람이 15킬로그램의 자전거를 타고 시속 20킬로미터로 가는데, 30킬로그램의 짐을 자전거에 살짝 올린다고 생각해 보자. 짐을 올리기 전까지 운동량은 70킬로그램에 시속 20킬로미터를 곱한 값70kg·20km/h이다. 즉, 1,400kg·km/h1400킬로그램 킬로미터 매 시간이다. 그런데 운동량이 0인30kg·0km/h 짐이 자전거와 함께 움직이는 순간 100킬로그램의 움직이는 물체로 바뀐다. 그러면서 운동량이 시속 14킬로미터로 달리는 100킬로그램짜리 덩어리로 바뀐다. 이는 짐이 자전거와 운동이 같아지는 과정에서 마찰력이라는 힘이 작용해 자전거의 운동량을 빼앗아 나타난 결과로 볼 수 있다. 다시 말해 자전거의 운동량 일부가 짐의 운동량으로 바뀌었다고 생각할 수 있다.

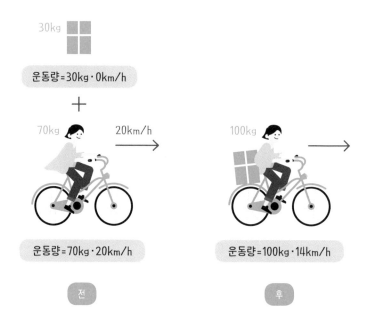

위의 그림으로 정리해 보자.

자전거를 탄 사람의 운동량은 1,400kg·km/h이다. 가만히 있는 상자의 운동량은 당연히 0이다. 달리던 자전거에 상자를 얹는 순간 자전거의 속도는 줄어들지만 전체 운동량은 상자를 얹기 전과 변함없다.

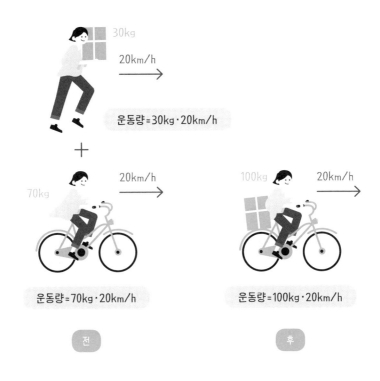

운동량=30kg·20km/h

운동량=70kg·20km/h

전

운동량=100kg·20km/h

후

한편 달리는 자전거의 뒷좌석에 자전거를 따라 뛰던 사람이 짐을 올려놓으면 자전거의 운동량이 커진다. 하지만 속도의 변화는 없다. 시속 20킬로미터로 달리는 자전거에 같은 속도로 달리는 짐을 올렸으므로 속도는 변함이 없지만 짐의 운동량인 30kg·20km/h만큼 전체 운동량이 커진 것이다.

반면 몸무게가 70킬로그램인 아빠가 시속 20킬로미터로 달리는 자전거에서 넘어지지 않고 바닥에 착지하며 내렸다고 생각해 보자. 운동량이 140kg·20km/h이던 자전거에서 아빠가 내리는 순간 아빠의 운동량은 0이 된다. 그러나 자전거의 운동량은 유지된다. 70킬로그램인 질량에 시속 40킬로미터로 달리게 된다.

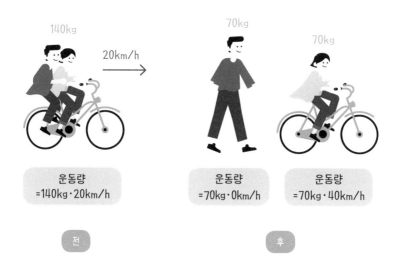

신기한 마법 같지 않은가? 위 그림을 보자. 두 사람이 자전거를 타고 있을 때는 총 2,800kg·km/h의 운동량이다. 그런데 아빠가 땅에 정지하며 자전거를 내리는 순간 자전거를 탄 아이와 자전거는 속도가 올라가지만 운동량은 처음과 변함없다.

사실 비밀은 아빠가 자전거에서 내리는 과정에 있다. 시속 20킬로미터로 달리는 자전거에서 바닥으로 떨어진다면 다치고 말 것이다. 자전거를 살짝 앞으로 밀면서 땅에 대한 속도를 0으로 맞춰 줬을 경우, 아빠는 지면에 정지하며 운동량도 0이 되었다. 자전거에 힘을 가하지 않은 채 분리만 되었을 경우 자전거 속도에는 변화가 없다. 하지만 분리된 물체의 운동량까지 같이 고려하면 전체의 운동량은 분리되기 전이나 뒤에나 같다. 자전거와 같은 속도로 달리면서 짐을 싣거나, 자전거와 같은 속도로 자전거에서 아빠가 미끄러져 나왔다면 자전거 속도에 영향을 주지 않을 것이다. 각각의 운동량이 나눠질 뿐이다. 전체 운동량에도 변화를 주지 않는다.

로켓에 담긴 운동량 보존의 법칙

로켓에도 운동량 보존이 적용된다. 로켓이 연료를 발사하며 날아가는 순간 질량이 줄어든다. 로켓이라는 하나의 계에서 질량이 빠져나가는 경우다. 질량을 줄이는 건 보통 속도를 올리기 위한 것이다. 로켓을 발사할 때 단지 발사체를 분리했을 경우에 속도의 이득은 없다. 줄어든 질량만큼 추진력을 줬을 때 좀 더 잘 가속시킬 수 있을 뿐이다. 하지면 연료를 폭발시키면서 뒤로 밀어 주는 경우 뒤로 발사된 연료의 운동량만큼이나 앞으로 이동하는 로켓의 운동량이 증가한다. 연료를 힘차게 버리며 앞으로 나아가는 것이다.

화려한
피겨스케이팅 기술의 비밀

✖

각운동량 보존

피겨스케이팅 선수 김연아는 스포츠 역사에 한 획을
그은 세계적인 인물이다. 피겨스케이팅 불모지인
우리나라에서 성장했음에도 세계신기록을 11회나
경신하며 스포츠 영웅으로 우뚝 섰다. 은퇴한 뒤에도
엄청난 관심과 사랑을 받는 스타다.
김연아 선수의 화려한 점프와 회전을 보고 있으면
'어떻게 저런 몸짓이 가능한가?' 하며 입이 떡 벌어진다.
그러나 중력을 거스르는 듯 날렵한 몸짓을 하는 그녀도
물리법칙을 비껴가는 것은 아니다.
얼음판 위에서 펼치는 화려한 스케이팅 기술의 원리는
무엇일까?

피겨스케이팅에서 필요한 스케이트 날은 일반적인 스케이트 날과는 다르다. 빨리 달리기보다는 점프와 회전 같은 다양한 동작을 잘 수행할 수 있어야 해서다. 날이 긴 신발을 신고서는 점프하고 공중에서 회전한 다음 착지하는 순간 마찰이 주는 힘을 받고 몸이 튕겨나갈 것이다. 달리면서 점프를 하려고 발로 땅을 미는 순간에도 미끄러질 것이다. 그래서 피겨스케이트의 날은 짧고 두껍다. 앞쪽에는 점프할 때 사용하기 위한 톱니 모양의 요철이 있고, 회전할 때 마찰력의 영향을 덜 받도록 날이 살짝 둥글다.

피겨 점프에 이용되는 토와 에지

토(앞톱니)
요철이 있어 미끄러지지 않고 땅을 찰 수 있다.

에지(날)
폭이 3~4mm인 ∧자 모양의 날이다. 안쪽과 바깥쪽에 날이 두 개 있는 셈이다.

얼음판에서 걷는 것도 어려운데 빙그르르 회전하는 동작은 그저 그림의 떡처럼 보인다. 몸을 돌리려고 비트는 순간 하체는 반대 방향으로 비틀어지면서 쿵! 넘어지기 십상이다. 피겨스케이팅 선수들은 어떻게 제자리에서 중심을 잃지 않고 아름답게 회전할까? 이를 이해하려면 회전관성을 알아야 한다.

회전관성이란 회전하는 물체가 그 운동을 유지하려는 성질이다. 제자리에서 빙글빙글 도는 팽이의 움직임을 떠올려 보자. 팽이는 아래쪽이 뾰족하다. 어떤 물체든 아래쪽이 좁으면 중심이 불안해서 넘어지기 마련이다. 그런데 팽이는 회전하는 동안에 안정적으로 서 있다. 그리고 시멘트 바닥처럼 거친 표면보다 얼음판처럼 매끄러운 표면 위에서 더 오래 회전한다. 이는 어떻게 가능할까?

앞서 관성이란 직선운동하는 물체가 외부의 힘을 받지 않는 한 그 속도를 유지하려는 성질이라고 했다. 운동하는 물체에 직접 힘을 가하면 움직이고 힘을 주지 않으면 멈추는 것은 지표면의 마찰력이 강하게 작용했기 때문이다. 김연아 선수라도 운동화를 신고 시멘트 바닥에서 한 발로 계속 회전하라고 하면 못할 것이다.

돌아가는 팽이도 마찬가지다. 땅과의 마찰력이 강하면 멈춘다. 마찰력이 약한 경우 팽이를 돌리는 힘이 사라지더라도 바로 정지하지 않고 조금 더 돌다가 멈춘다. 그리고 마찰이 아예 없다면 속도를 유지하면서 계속 돌게 될 것이다. 이게 바로 회전관성이다. 앞서 운동량 보존의 법칙을 설명하면서 물체의 운동 상태는 유지하는 성질이 있다고 했다. 이 법칙은 직선운동뿐 아니라 회전운동에서도 마찬가지다. 움직이는 물체가 운동의 빠르기와 방향을 유지하듯이, 회전하는 물체도 그 속력과 회전 방향을 유지한다. 팽이는 운동 상태를 유지하려는 성질 때문에 넘어지지 않는다.

회전관성과 회전중심의 관계

그런데 회전관성은 일반적인 관성과는 다른 점이 있다. 직진하는 물체의 관성을 변화시키기 위해서는 운동하는 물체에 질량을 공급해 주거나 질량을 버려야 한다. 달리는 자전거에 한 사람이 더 올라타면 질량과 관성이 커져서 속도도 떨어지고 멈추는 것도 쉽지 않다. 반면 앞 장에서 설명했듯이 두 사람이 탄 자전거 뒤에 한 사람이 뛰어내리면 가속이나 멈추는 것이 쉽다. 이처럼 관성을 변화시키기 위해서는 질량을 넣거나 빼야 하는데, 회전관성은 질량의 변화 없이도 가능하다. 회전관성에는 회전하는 물체의 질량뿐 아니라 질량이 회전중심에서 얼마나 떨어져 있는지가 영향을 주기 때문이다.

직선운동을 유지하려는 관성은 질량이 클수록 커지지만, 회전운동을 유지하려는 성질인 회전관성은 회전중심에서 멀리 떨어진 질량에 의해 커진다. 질량이 회전중심에 있는 경우 쉽게 회전을 하지만, 질량이 회전중심에서 멀어지면 회전운동을 만드는 데 좀 더 큰 힘과 에너지가 들어간다.

회전관성을 I, 질량을 m, 회전 반경을 r이라고 할 때 공식은 다음과 같다.

$$I = mr^2$$

회전관성관성모멘트은 질량이 m인 물체가 회전축으로부터 r만큼 떨어져 있다고 했을 때, 떨어진 거리의 제곱과 질량의 곱으로 나타난다. 1킬로그램의 쇠구슬을 1미터 지름의 원운동으로 돌리는 것보다 2미터 지름으로 돌리는 것이 네 배 더 힘들고, 정지시키는 것도 네 배 더 힘들다는 뜻이다.

스케이트 날로 정교하게 조정하는 마찰력

피겨스케이팅 선수가 점프하는 순간을 살펴보자. 공중으로 도약한 다음 회전할 때 팔과 다리를 잔뜩 움츠리는 것을 볼 수 있다. 이는 각운동량회전하는 물체의 운동량이 보존됨을 이용해 회전관성을 줄여 주기 위한 방법이다. 각운동량은 회전관성과 각속도시간에 대한 각의 변화의 곱으로 나타난다. 그러므로 회전관성이 줄어들면 각속도가 증가한다. 즉 최대한 많이 회전하기 위해서 몸을 움츠린다. 피겨스케이팅에서 점프는 공중에서 1회 이상의 빠른 회전을 마치고 착지해야하는데, 얼마나 많이 회전하는지에 따라 높은 점수를 받을 수 있다.

그래서 화려한 동작을 포기하고 몸을 잔뜩 움츠리는 것이다. 공중에서는 외부의 힘인 마찰력이 없어서 각운동량을 유지할 수 있는 조건을 갖출 수 있다. 이때 몸의 질량을 바깥으로 분산시키면 회전 속도가 줄어들 것이고, 몸의 질량을 회전중심으로 바짝 모으면 회전 속도를 올릴 수 있다.

얼음판 위에서 회전하는 동작인 스핀 또한 피겨스케이팅을 돋보이게 하는 화려한 기술이다. 표면에 줄무늬를 그리며 빙빙 도는 팽이와도 같은 움직임을 선보인다. 점프만큼 난이도가 높지는 않지만, 빠른 속도로 회전하는 것이 관건이다. 한 차례 기술을 해낼 때 평균 1초에 2회전을 하며 총 20회 이상을 한다. 선수들이 스핀하는 모습을 보면 회전이 빨라지기도 하고 느려지기도 하는 것을 볼 수 있다. 이렇게 속도를 변화시키는 비결도 회전관성의 원리를 이용한 것이다. 지면에서 한 발을 회전 중심축으로 두고 나머지 발과 몸동작으로 회전축에서 몸의 위치를 바꾸면서 회전관성을 조절한다.

피겨스케이팅의 꽃인 점프에서 대부분의 여자 선수들은 점프하기 직전에 이동 속도를 확 낮추는 경우가 많다. 빠르게 달리는 방향에 수직으로 힘을 가하는 일이 엄청난 부담이기 때문이다. 착지할 때도 위험하다. 앞으로 나가려는 관성과 회전력이 충돌하므로 넘어지는 선수가 많다. 그러나 김연아 선수는 빠른 속도를 유지한 채 몸을 던지다시피 뛰어오른다. 여기에 깔끔한 착지까지 성공하며 높은 점수를 얻는다. 피나는 노력 끝에 빠른 속도를 감당할 만큼

스케이트 날의 마찰력을 정교하게 조정해 내며 세계 정상에 오른 것이다.

회전관성을 직접 느껴 보자

손쉽게 할 수 있는 실험이 한 가지 있다. 마찰이 없는 회전의자 위에서 발을 쓰지 않고 몸의 움직임만으로 돌아보는 것이다. 자전거 바퀴 하나만 있으면 가능하다. 의자 위에서 바퀴를 한 방향으로 돌리면 신기하게 다른 방향으로 의자가 돌아간다. 바퀴를 세워서 회전시키면 운동 방향의 변화를 볼 수 없지만, 바퀴를 눕혀서 돌리면 운동 방향의 변화를 눈으로 볼 수 있다. 바퀴를 시계 방향으로 회전하면 의자는 반시계 방향으로, 바퀴를 반시계 방향으로 회전하면 의자는 시계 방향으로 회전한다. 각운동량도 직선운동처럼 보존되므로 위로 향하는 회전 방향만큼 아래로 향하는 회전 방향이 생겨서 각운동량의 변화는 없다. 바퀴를 세워서 돌릴 때는 회전 방향의 변화가 없다. 이는 지구의 운동 방향을 회전과 반대 방향으로 만들지만 바퀴에 회전관성은 지구의 회전관성에 비하면 무시할 수 있어서 나타나지 않을 뿐이다.

이는 일상에서도 마찬가지다. 땅위를 걸으면 앞으로 가는 사람의 운동량만큼 지구가 뒤로 가는 운동량이 생기지만, 지구 질량에 비하면 사람의 질량은 손톱의 때만큼도 되지 않아 나타나지 않는다.

피겨스케이팅뿐만 아니라 다른 운동에서도 회전관성의 성질이 응용된다. 다이빙을 할 때 공중에서 최대한 많이 회전하려면 몸을 바짝 구부려 회전중심으로 모아야 한다. 그러다가 몸을 펴는 순간 회전속도가 줄게 되어 아름다운 다이빙을 선사할 수 있다. 자전거를 탈 때는 빨리 달릴수록 바퀴의 각운동량이 커져서 넘어지지 않고 달릴 수 있다. 그래서 초보자일수록 넘어지지 않으려고 페달을 열심히 밟는다. 자전거를 잘 타는 사람일수록 천천히 페달을 밟는 것을 잘한다. 바퀴의 회전관성에 의지하지 않고도 몸의 균형을 잡을 수 있기 때문이다.

일상에서도 회전관성을 느낄 수 있는 사례는 많다. 문을 열고 닫을 때를 떠올려 보자. 회전문 안쪽에 힘을 가해 열려고 하면 문은 잘 열리지 않는다. 반면 회전문 바깥쪽에 힘을 주면 쉽게 문이 열린다. 회전하는 물체가 있다면 회전중심 가까이에서 그 물체를 당기면 그 반작용으로 몸을 일으킬 수 있지만, 회전체에는 큰 영향을 주지 않는다. 회전관성이 큰 문 끝의 손잡이에 비해 작은 회전력을 줬기 때문이다. 관성이 큰 물체에게 작은 힘을 가했을 때 물체의 운동이 변화 없는 것과 비슷한 예다.

회전관성의 원리는 지구에도 적용된다. 지구는 계속 자전한다. 최초 지구가 생성되는 과정에서 지구 중력에 이끌려 오던 소행성, 암석들이 지구 중심에서 벗어남에 따라 팽이치기처럼 회전운동을 만들었다. 지금은 지구와 충돌하는 암석이 거의 없지만, 당시 충돌이 만든 회전운동 때문에 지구는 지금도 계속해서 자전하고 있다.

자연을 들여다보면 규칙성과 대칭성을 찾을 수 있다. 직선운동과 회전운동 사이에서 찾을 수 있는 대칭성을 표에서 확인해 보자. 회전력 $\tau=I\alpha$는 힘 F=ma와 대칭성을 보여 준다. 질량이 클수록 물체의 운동을 변화시키기 어렵듯이, 회전관성이 클수록 물체의 운동을 변화시키기 어렵다.

	직선운동	회전운동
기본 성분	변위(s)	각도(θ)
시간에 따른 변화	속도(v), 가속도(a)	각속도(ω), 각가속도(α)
운동을 유지하는 성분(관성)	질량(m)	회전 관성($I = mr^2$)
운동의 정도	운동량($p = mv$)	각운동량($L = Iw$)
에너지	운동에너지 $E_k = \frac{1}{2}mv^2$	회전운동에너지 $E_k = \frac{1}{2}I\omega^2$
힘(운동의 변화 정도)	$F = \frac{dp}{dt} = m\frac{dv}{dt} = ma$	$\tau = \frac{dL}{dt} = I\frac{d\omega}{dt} = I\alpha$

회전하는 물체의 운동에너지는 회전관성과 각속도의 제곱으로

나타난다. 운동에너지를 구하는 공식이 $\frac{1}{2}mv^2$이라면, 회전운동에너지의 값은 $\frac{1}{2}I\omega^2$ ω는 각속도를 뜻한다.이다. 질량이 큰 물체가 운동에너지가 크듯, 회전관성이 큰 물체는 회전운동에너지가 크다. 속력이 빠를수록 운동에너지가 크듯 각속도가 클수록 회전운동에너지가 크다.

✖
땀나는
실험

굳이 피겨스케이팅을 하지 않고도 회전관성을 체험할 수 있는 간단한 실험이 있다. 무거운 아령을 들고서 회전의자에 앉아 회전해 보자. 이때 아령을 밖으로 펼치면 회전이 느려지고, 아령을 든 손을 몸의 중심으로 모으면 회전이 빨라진다.

우주에서의
운동량

물체의 운동량은 외부에 힘이 없다면 보존되는 양이다. 그래서 운동량 보존의 효과는 지구 중력과 마찰력이 없는 우주 공간에서 더욱 잘 관찰할 수 있다. 이미 많은 우주비행사가 우주로 나가 우리가 궁금해할 만한 실험들을 수행했다. 그러나 우리가 그 현장을 쉽게 접할 수는 없다. 대신 영화를 통해 우주 공간에서의 운동을 간접적으로 경험할 수 있다.

〈스타트렉Star Trek〉1979, 〈스타워즈Star Wars〉1977같은 영화들은 우주 영화의 대명사로, 지금까지도 새로운 시리즈가 만들어지고 있는 고전이다. 그런데 이런 영화들의 줄거리는 아직까지는 상상으로만 가능한 이야기다. 하지만 〈그래비티Gravity〉2013, 〈미션 투 마스Mission To Mars〉2000, 〈마션The Martion〉2015과 같이 가까운 미래에 일어날 수 있는 현실적인 내용을 다룬 영화도 많다.

2000년에 개봉한 〈미션 투 마스〉는 화성으로 가는 과정을 그리며 우주에서의 운동을 잘 묘사하고 있다. 영화는 서기 2020년을 무대로 우주비행사들이 세계 최초로 화성 착륙에 성공한 장면으로 시작된다. 그러나 우주비행사들은 화성에서 알 수 없는 사고와 위기를 겪고, 동료를 구하기 위해 고군분투한다. 우주선 내부에서 M&M 초콜릿으로 DNA 나선구조를 띄워 놓으면 형태를 계속 유지하는 모습, 우주선 내부에서 남녀가 춤을 추면 아무런 방해 없이 미끄러져 나가고 회전하는 모습 등 현실과는 다른 운동의 모습을 흥미진진하게 보여 준다.

하지만 가장 압권은 우주선 고장으로 우주 공간으로 나가서 다른 우주선으로 갈아타는 장면이다. 우주비행사 중 한 명인 우디팀 로빈슨 분가 동료로부터 멀어진 상태에서 동료들이 우디에게 밧줄을 던졌지만 바로 앞에서 줄이 닿지 않는다. 우디는 아무리 발버둥 쳐도 바로 앞의 밧줄을 잡을 수 없다는 것을 알고 포기한다. 아무런 힘을 작용할 수 없는 우주 공간에서 원하는 곳으로 조금도 이동할 수 없다는 것을 알기 때문이다.

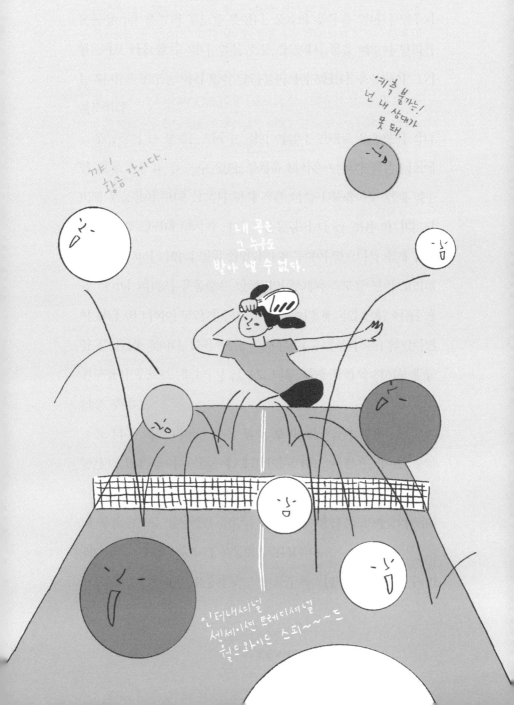

2. 가속도의 법칙

번개처럼 빨리 움직이는 법

오늘은 기다렸던 탁구 시합 날이다. 라이벌 친구와 오늘이야 말로 정면 승부를 하기로 했다. 쉴 새 없는 공격은 물론 미친 수비 능력으로 친구를 꼼짝 못 하게 할 테다! 탁구공의 빠르기도 날아가는 방향도 내겐 모두 미리 알 수 있는 것들이라고, 후훗.

날아오는 공을
겁내지 마!

✖

질량과 가속도

체육 시간이나 특별활동 시간에 치는 탁구의 묘미는
바로 빠른 속도감이다. 작은 탁자 위를 획획 오가는
탁구공은 때로 눈에 보이지 않을 만큼 엄청나게
빠르다. 자세를 낮추고 온 신경을 집중하지 않으면
빠르게 날아오는 공을 제대로 막아낼 수 없다. 크기는
조그마하지만 시속 200킬로미터를 넘어가기도 한다.
하지만 빠르게 날아오는 탁구공을 겁낼 필요는 전혀
없다. 질량이 작으므로 몸이 부딪혀 봤자 큰 힘을
전달하지 못하기 때문이다. 다만 민망할 뿐이다.

빠르게 날아오는 탁구공은 내 몸을 작은 힘으로 톡 하고 건드릴 뿐이고 언제 그랬냐는 듯 바닥으로 툭 떨어져 버린다. 공기와 부딪히면서 방향이 쓱 하고 달라지기도 한다. 공은 매 순간 탁구채와 지구 중력, 공기와의 충돌에 영향을 받아 방향을 바꿔 간다. 그렇기에 탁구를 칠 때는 공의 빠른 움직임을 예측하고 재빠르게 반응하는 것이 중요하다. 실력을 키우면 단순히 공을 받아치는 것뿐만 아니라 힘을 교묘하게 전달해 상대가 예측하지 못하는 방향으로 튕겨 나가게 할 수도 있다. 공을 정면으로 때리지 않고 비스듬하게 치면, 공에 회전이 걸린다. 공기와의 저항에 변화를 주며 공중에서도 방향이 변하지만 탁구대에 닿는 순간 회전 방향에 따라 예측 못할 방향으로 튕겨져 나가기도 한다.

만약 골프공이나 볼링공으로 탁구를 친다고 상상해 보자. 볼링공을 탁구채로 치거나 받아낼 수 있을까? 빠른 속도는커녕 네트 너머로 공을 넘기는 것조차 어려울 것 같다. 잘못해서 공에 맞는다면 큰 상처를 입을 수도 있다. 크기가 작고 가벼운 골프공은 그보다는 훨씬 수월할 테지만 탁구공처럼 가볍게 주고받기는 어려울 것이다. 채에 맞은 골프공은 속도를 오래 유지하면서 쭉 뻗어나간다. 반면 가벼운 탁구공은 채에 맞는 순간에는 속도가 골프공보다 빠르게 올라가지만 공기와의 마찰으로도 속도가 금세 줄어든다.

운동할 때 우리는 좀 더 적극적으로 힘을 사용한다. 운동하는 물체의 작용하는 힘을 살펴보아 동작이 어떻게 변할지 미리 알 수 있다니 스포츠는 과학이라는 말이 실감난다. 물체에 가하는 힘이 클수록 가속도가 커지고, 질량이 큰 물체일수록 힘의 영향을 덜 받는다. 이를 가능케 하는 힘에 대해 더 자세히 파헤쳐 보자.

힘이란 무엇일까?

힘이라는 말은 일상적이다. 친구의 기운이 축 쳐져 있을 때 "힘내!"라고 말하며 다독여 준다. 할머니가 무거운 짐도 척척 나르는 젊은 이의 힘을 흐뭇해하며 칭찬하기도 한다. 그런데 과학에서 힘이란 정확히 무엇일까?

물리학에서는 힘을 '물체의 운동 속도를 바꾸거나 모양을 변하게 하는 작용'으로 정의한다. 즉 힘은 물체의 빠르기나 방향 등 운동 상태를 바꾼다. 더 간단히 말해 속도에 변화를 준다.

힘의 정확한 개념은 물체의 운동을 설명하는 과정에서 정립되었다. 이는 1600년대 뉴턴이 가속도의 법칙으로 체계적으로 정리했다.

앞서 말했듯 뉴턴의 제1법칙은 관성의 법칙이다. 물체는 힘을 받지 않는 한 운동 상태를 유지하며, 질량이 클수록 그 성질이 더 커진다. 한편 뉴턴의 제2법칙은 가속도의 법칙이다. 물체에 힘이 작용하면 운동 상태가 어떻게 되는지를 다룬다.

가속도는 속도가 변화하는 정도를 나타내는 것으로, 특정한 시간 동안 운동 상태가 얼마나 바뀌는가를 측정한 값이다. 가속도는 힘에 의해 나타나는 양으로 힘이 커지면 가속도도 커진다. 한편 질량이 클수록 운동 상태를 유지하려는 성질이 크므로 가속도는 줄어든다. 힘이 작용할 때 질량과 가속도는 서로 반비례한다.

✖ 뉴턴의 제2법칙: 가속도의 법칙
힘은 속도 변화를 만든다. 달리 말하면 힘이 클수록 가속도가 커진다. 한편 질량은 운동의 변화에 저항하는 양이다. 질량이 클수록 운동 상태의 변화가 적다.
힘을 $\vec{F}$, 질량을 m, 가속도는 $\vec{a}$라고 하면 공식은 다음과 같다.
$$\vec{F}=m\vec{a}$$

물리학에서는 같은 뜻을 가진 영어 단어 첫 자를 따서 가속도는 a^{acceleration}, 힘은 F^{Force}, 질량은 m^{mass}으로 표시한다.

여기서 주의할 것은 앞서 설명했듯이 속력과 속도가 다르다는 것이다. 속도는 빠르기속력에 운동 방향까지 고려한 개념이다. 빠르기는 일정한데 운동 상태만 변하는 경우도 있다. 달의 공전에 작용하는 지구의 중력은 운동 방향에 수직으로 작용하는 힘으로 운동의 방향만 변화시킨다.

뉴턴의 업적 중 하나는 과학 법칙을 간단한 수식만으로 잘 표현해 낸 것이다. 뉴턴의 제2법칙은 중학교 수학 시간에 배우는 그래프로 나타내면 훨씬 더 쉽게 다가갈 수 있다.

가속도를 y, 힘을 x라고 하면 가속도가 힘과 비례한다는 식은 y=ax라고 쓸 수 있다. a는 비례상수다. 그래프로 나타내면 다음과 같다.

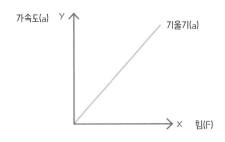

한편, 가속도를 y축에, 질량을 x축에 두고, 가속도가 질량과 반비례한다고 하면 y=a/x 라고 쓸 수 있다. 여기서도 a는 비례상수다.

물체의 속도 변화는 힘에 의해 생기는데 질량이 크면 그 변화가 작다. 이를 그래프로 표현하면 다음과 같다.

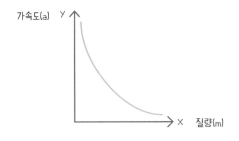

이것을 수학식으로 표현하면, 속도 변화 a는 이렇게 표시할 수 있다. 아래 식에서 k는 비례상수다.

$$a = k\frac{F}{m}$$

그래프는 다음과 같다.

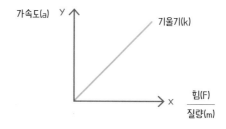

질량과 속도는 단위가 있다. 속도에서 가속도의 단위도 유도할 수 있다. 예를 들어 속도의 단위가 1초에 몇 미터를 이동하는지를 뜻하는 m/s미터 매 초이라면 가속도는 시간에 대한 속도의 변화로 m/s^{2}이 된다. 가속도는 속도가 얼마나 증가하는지 시간의 단위인 1초를 시간을 기준으로 측정한다.

1초 동안 속도가 1m/s초속 1미터만큼 증가했을 때 그 가속도를 1m/s^{2}라 한다. 가속한다는 말은 속도가 더해진다는 말로 속도의 변화는 힘과 밀접한 관계가 있다. $1m/s^2$으로 움직이는 물체는 매초 $1m/s$만큼 가속하는속도가 빨라지는 물체다. 앞서 질량, 가속도, 힘 그래프에서 가속도와 힘에 질량을 나눈 값의 비례상수를 남겼다. 힘의 값을 어떻게 정의하는가에 따라 비례상수의 값도 달라지는데, 힘의 단위는 이 비례상수 값이 1이 되도록 정한 것이다. 힘의 단위는 뉴턴의 이름을 따서 뉴턴N. Newton이라고 한다. 1뉴턴은 1킬로그램의 물체가 $1m/s^2$로 가속하게 하는 힘이다. 즉, 1킬로그램의 물체에 1초 동안 초속 1미터만큼의 속도 변화가 생겼다면, 여기에는 1뉴턴의 힘이 작용했다고 말할 수 있다. 한편 1뉴턴의 힘으로 1미터를 이동할 능력이 있으면 1줄J의 에너지를 가졌다고 한다. 일과 에너지에 대해서는 뒤에서 더 자세히 다룰 것이다.

달에서
번지점프를 한다면?

✖

중력을 받는 운동

번지점프를 즐기는 사람들은 멋진 경치는 물론 심장이
쫄깃해지는 순간을 즐기기 위해 기꺼이 점프대에서
뛰어내린다. 그러나 웬만큼 간이 큰 사람이 아니고서야
대개는 쉽게 뛰어내리지 못한다. 상상만 해도 온몸이
찌릿찌릿해지며 고소공포증이 생길 것 같다. 세계에서
가장 높은 번지점프대는 미국 콜로라도의 로열협곡
현수교에 있는데, 무려 321미터에 이른다. 점프대에
올라가면 아래의 사람이 조그마한 점으로 보인다.
무서워서 아래를 내려다볼 수조차 없을 것 같다. 이런
곳에서 뛰어내리면 어떤 감정을 느낄 수 있을까?

번지점프가 무서운 이유

번지점프를 생각하는 것만으로도 후덜덜한 이유는 누구에게나 빠른 속도로 충돌하는 순간에 대한 공포가 있어서인데, 이는 결국 지구 중력 때문이다. 아래로 떨어지면서 중력 때문에 속도가 점점 빨라진다. 바닥에 닿는 순간 속도가 0으로 바뀔 텐데, 힘은 시간에 대한 속도의 변화, 즉 가속도로 나타나므로 빠른 속도로 떨어질수록 무서운 것은 당연하다.

그런데 같은 높이의 계곡이라도 달이라면 그리 무섭지 않다. 물론 우주복은 필수다. 지구보다 중력이 약하니 떨어지는 속도도 훨씬 느리기 때문이다. 그렇다면 지구와 달에서 각각 자유낙하할 때 속도는 각각 어떻게 될까? 달에서는 아주 높은 곳에서 과감히 뛰어내려도 정말 괜찮을까? 미래에는 달로 여행을 가는 것이 가능할 테니 미리 상상해 보는 것도 나쁘지 않다. 달에서의 번지점프는 과연 얼마나 짜릿할까?

힘을 받으면 물체는 가속하니까 지구에서든 달에서든 떨어지면 속도가 계속 빨라질 것이다. 그 속도는 과연 구체적으로 어떻게 될까? 가속도의 정의를 짚어 보며 시간에 따라 변하는 속도를 한번 구해 보자.

우선 가속도의 정의는 시간에 따른 속도의 변화량이다. 가속도를 a, 시간을 t라고 하면 가속도는 다음과 같은 식으로 표현할 수 있다.

$$a = \frac{v - v_0}{t}$$

여기에서 v는 시간 t를 지날 때의 속도, v_0는 시작하는 순간의 속도를 뜻한다.

즉 시간 t동안 변한 속도$v - v_0$는 가속도가 지속된 시간만큼의 값으로 나타난다. 가속하는 동안 속도가 계속 증가하기 때문이다. 시간에 따른 속도v는 처음 속도v_0에서 시간에 따라 변한 속도의 값at이 더해진 값으로, 이를 식으로 나타내면 다음과 같다.

$$v = v_0 + at$$

따라서 속도를 구하면 이동 거리를 알 수 있다.

✖ 이동 거리 = 평균속도 × 시간

이동거리를 S, 평균속도를 $\bar{v}$, 시간을 t라고 하면 다음과 같다.

$$S = \bar{v} \times t$$

가속도 - 시간 그래프	속도 - 시간 그래프	변위 - 시간 그래프

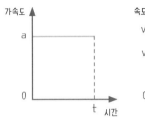 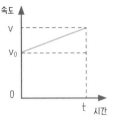 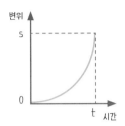

시간에 따라 속도가 변하는 경우에는 총 이동 거리에 시간을 나눈 평균속도와 걸린 시간의 곱으로 알 수 있다. 그런데 속도가 일정하게 변한다면 평균속도는 처음 속도와 마지막 속도의 중간 값이 된다. 힘이 일정하게 작용하니까 속도도 일정하게 변하는 것이다. 즉, 가속도가 일정하다. 이는 시간에 따라 일정하게 속도가 빨라지는 그래프로 그려진다.

평균속도는 총 이동 거리를 시간으로 나눈 값이다. 즉, 다음과 같다.

$$\bar{v} = \frac{v + v_0}{2} = \frac{v_0 + (v_0 + at)}{2}$$

따라서 이동 거리를 S라고 하면 다음과 같다.

$$s = \frac{v + v_0}{2} \times t = \frac{v_0 + (v_0 + at)}{2} \times t = v_0 \times t + \frac{1}{2}at^2$$

시간과 속도의 관계를 나타낸 아래 그래프에서 초록색으로 표시한 면적이 이동 거리를 뜻한다. 등속운동일 경우에는 시간에 비례해 이동 거리가 늘어나지만, 등가속운동을 하는 경우 시간에 따라 속도가 a의 비율로 일정하게 증가하므로 등속 이동 거리에 더해 총이동 거리가 점점 늘어난다. 시간이 지날수록 이동 거리는 엄청나게 커진다. $\frac{1}{2}at^2$ 만큼 시간이 지날수록 이동 거리가 기하급수적으로 늘어난다. 그러면 가속도 때문에 시간에 따라 증가하는 이동 거리가 어떤지 그래프로 살펴보자.

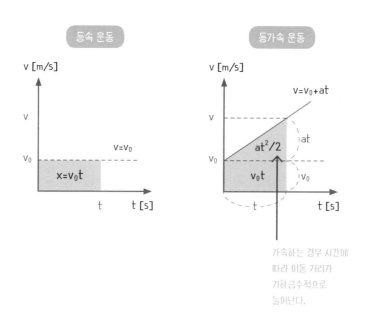

가속하는 경우 시간에 따라 이동 거리가 기하급수적으로 늘어난다.

다음 표는 지구와 달에서의 가속도를 비교한 것이다.

시간(초)	지구	달
	이동 거리(m)	
0	0	0
1	4.9	0.8
2	19.6	3.3
3	44.1	7.4
4	78.4	13.1
5	122.5	20.4

    달에서 5초 동안 떨어진 거리를 지구에서는 2초면 지나간다. 지구에서 9초 동안 떨어진다면 달에서는 22초 동안 떨어진다. 이처럼 기하급수적으로 속도가 증가하므로 지구에서의 낙하는 당연히 달에 비해 위험하다. 공을 자유낙하시키는 경우, 지구에서는 중력가속도 $9.8m/s^2$으로 떨어진다. 달의 중력가속도는 지구의 6분의 1이다. 이 차이는 어떤 속도의 변화를 줄까?

    1초라는 시간은 일상에서는 정말 짧은 시간 같지만, 물체가 하늘에서 떨어질 때에는 짧은 순간이 아니다. 지구에서 공이 4.9미터의 높이에서 떨어지면 바닥에 닿기까지 대략 1초가 걸린다. 그때의 속력은 초속 9.8미터인데 시속 35킬로미터에 이르는 크기다.

공이 하늘에서 10초 동안 떨어진다면 무려 시속 352킬로미터의 속력이 된다.

자유낙하에 걸리는 시간은 시간에 따른 이동 거리로 알 수 있다.

$$S = \bar{v} \times t = v_0 t + \frac{1}{2} a t^2$$

여기에 처음 속도와 지구의 중력가속도를 대입하면 자유낙하시 시간에 따른 이동거리를 구할 수 있다.

$S = \frac{1}{2} 9.8 t^2$에서 낙하하는 높이가 100미터인 경우 4.5초의 시간이 걸리고, 321미터인 경우 8초 정도의 시간이 걸린다. 그러면 속력이 각각 초속 44미터와 79미터다. 즉 시속 284킬로미터다.

반면 달에서 떨어지는 상황은 어떨까? $S = \frac{1}{2} \frac{9.8}{6} t^2$에서 떨어지는 높이를 100미터라고 하면 11초, 321미터에서는 20초가 걸린다. 따라서 속력이 각각 초속 18미터와 32미터다. 즉 시속 115킬로미터일 뿐이다. 지구에서의 가속도보다 훨씬 느리다는 사실을 알 수 있다.

이를 통해 중력의 효과가 얼마나 큰지 실감할 수 있다. 하지만 지구에서는 실제로 이 정도의 속력까지는 나오지 않는다. 그 이유는 속력이 빨라질수록 대기와의 마찰력도 커져서 일정 속도 이상으로 넘어가지 않기 때문이다.

정리하자면 가속하는 물체의 이동 거리는 떨어지는 데 걸린 시간과 시간에 따른 속력 공식을 이용해 구했다. 떨어지는 높이에 따른 속력은 두 식을 통해 간단히 유도할 수 있다.

$a = \dfrac{v_0 - v}{t}$ 에서 $t = \dfrac{v_0 - v}{a}$ 로 넣고 이동 거리를 구하는 식에 대입하면 다음과 같다.

$$S = \frac{v + v_0}{2} t = \frac{(v + v_0)}{2} \frac{(v - v_0)}{a}, \ 2as = v^2 - v_0^2$$

중력에서 자유낙하한다면, $2gh = v^2$ 으로 떨어질 때의 속력을 간단히 구할 수 있다.

중력이 운동에 미치는 영향

지구상의 모든 운동은 중력의 영향을 받아 나타난다. 중력이 없다면 뛰려고 한 발자국을 내딛는 순간 지구를 탈출해서 우주의 미아가 되어 버릴 것이다. 또한 마찰력도 사라져서 앞으로 한 발짝도 나갈 수 없다. 육상을 비롯한 야구, 축구, 테니스, 자전거, 수영 등 모든 스포츠는 지구를 떠나서 말하기 어려울 것이다. 닐 암스트롱이 지구를 벗어나 달에서 내딛은 걸음은 아주 신중한 슬로우모션 같다. 달에서 제대로 걷지 못해 조심조심 천천히 걸어가는 우주인의 모습을 보면 중력이 운동에 미치는 영향이 얼마나 큰지 가늠할 수 있을 것이다.

중력과 같은 힘에 대한 두려움 때문에 우리는 높은 곳에서 고소공포증을 느낀다. 힘은 이렇게 운동 속력을 빠르게 만들기만 할까?

　힘이 항상 속력을 빠르게만 만드는 것은 아니다. 속력을 줄이기도 한다. 아래로 떨어지는 공은 속력이 점점 빨라지지만 하늘을 향해 던진 공은 최고 높이로 올라갈 때까지 속력이 점점 떨어진다. 운동 방향과 같은 방향으로 힘이 작용하는지 아닌지에 따라 속력이 빨라지기도 떨어지기도 한다. 속력만 바뀌는 것이 아니다. 속력에는 변화가 없지만 운동 방향이 계속 바뀌는 운동도 있다. 예전에는 하늘의 운동은 완벽한 원운동을 하고 지상의 운동은 직선운동을 하는 것이 자연의 원리라고 생각했지만, 앞서 말했듯 힘이 작용하지 않으면 빠르기는 물론 방향도 바뀌지 않아야 한다. 다만 힘이 빠르기에 영향을 주지 않는 운동에 수직 방향으로 작용하면 운동 방향만 바뀐다. 지구가 달에게 끊임없이 힘을 작용하지만 일정한 속력으로 한 달에 한 번씩 지구 주변을 도는 이유도 달의 운동 방향과 수직으로 힘을 작용하기 때문이다. 힘을 제거하는 순간 원운동은 사라지고 힘이 사라진 지점에서 등속직선운동으로 바뀐다. 아무튼 힘이 작용하면 운동 상태가 바뀌는 것이다. 다른 말로 하면 속도가 변한다는 것이다. 그 원인은 힘이다. 힘이 가속도를 만든다고 말할 수 있다.

쇼트트랙 계주에서는
왜 엉덩이를 밀까?

✖

운동량의 전달

2018 평창 동계올림픽 쇼트트랙 여자 국가대표팀의
3,000미터 계주 준결승 경기! 바통 터치를 앞두고
갑자기 우리나라 선수가 중심을 잃고 엉덩방아를
찍으며 미끄러져 나갔다. 한번 넘어지고 나니 금세
마지막 선수보다 반 바퀴 이상 뒤처져 버렸다. 준결승을
통과하기 어려워 보였다. 온 국민이 아쉬워하면서도
조금이나마 희망을 가지고 초조하게 경기를 지켜봤다.
그런데 우리 선수들은 속력을 내며 조금씩 거리를
줄이기 시작했다. 놀랍게도 꼴찌에서 1등을 탈환하고
결승선에 골인했다. 이뿐만 아니라 세계 신기록을 0.2초
당기기까지 했다.
정말 대단한 저력의 선수들이 아닐 수 없다.

달리기 경주에서도 당연히 바통 전달이 중요하지만, 쇼트트랙에서의 바통 터치는 육상의 계주보다 경기 기록에 훨씬 더 영향을 많이 준다. 다음 선수에게 에너지를 전달하는 과정이기 때문이다.

사실 쇼트트랙에서 바통을 넘길 때는 다음 선수의 몸 어디든 터치해도 상관없다. 하지만 대부분 엉덩이를 세게 밀어 주면서 교대한다. 또한 바통을 이어받을 선수는 넘기는 선수와 속도를 비슷하게 유지한 채 트랙 안쪽에서 돌다가 바통을 이어받을 때 트랙 밖으로 나와서 바통을 넘길 선수에게서 엉덩이를 미는 추진력을 얻으며 자연스럽게 바통을 전달받는다.

쇼트트랙 계주의 놀라운 저력은 엉덩이 밀기?

빠른 시간 동안 3,000미터를 도는 쇼트트랙에서 바통을 터치하는 순간은 아주 중요하다. 선수가 얼음판을 밀치며 미끄러지듯이 빨리 달리는 것도 중요하지만, 바통을 교대하는 순간 자신이 가지고 있던 운동에너지를 다음 선수에게 넘겨주는 것이 가능하기 때문이다.

엉덩이를 힘껏 밀어 주는 과정이 전혀 없다고 생각해 보자. 다음 주자는 정지 상태에서 다시 힘을 올려 가속을 해야 한다. 이렇게 되면 달려오던 선수의 운동에너지는 바통 터치와 함께 다 사라지고, 따라서 다음 주자는 정지 상태에서 속력을 내기 위해 가속하는 데 시간이 많이 걸린다.

땅 위에서 하는 달리기에서는 다음 주자에게 밀어준다면 그 주자는 넘어지고 말 것이다. 발의 마찰력으로 땅에 닿는 순간 뒤에서 미는 힘에 의해 앞으로 고꾸라지고 만다. 반면 쇼트트랙 계주에서는 스케이트 날 때문에 마찰이 무시되므로 밀어 주는 힘만큼 속력을 받으며 쭉 밀려나간다. 물론 이 힘은 계속 작용되는 힘이 아니어서 접촉하며 밀어 주는 순간 동안만 작용하다가 사라진다. 그래서 접촉하는 순간 최대한 큰 힘으로 오랫동안 밀어야 한다.

이 힘은 질량이 큰 물체에는 상대적으로 작은 속도 변화를 준다. 질량의 효과까지 고려한다면 바통을 넘기는 선수는 자신의 운동량을 감소시키며 다음 선수의 운동량을 증가시키는 충격량으로 변화시킨다.

이 힘을 받기 위해서는 바통을 넘겨받는 순간 달리기에서처럼 다음 주자가 더 빨리 달리면 안 된다. 힘을 전달받을 수 없어서다.

충격량만큼 운동량이 늘어난다

앞 주자가 주는 힘을 F라고 하면 다음 주자는 F의 힘을 받아 질량에 반비례하는 만큼의 가속도를 얻는다. 그런데 힘은 계속 주는 것이 아니라 t라는 시간 동안 잠시 주는데다 그 힘조차도 일정하지 않다. 우리가 알 수 있는 것은 힘과 시간의 곱인 '충격량'이다.

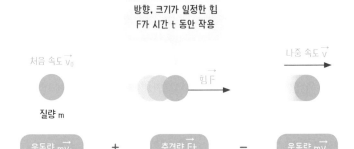

방향, 크기가 일정한 힘
F가 시간 t 동안 작용

처음 속도 $\vec{v_0}$

힘 $\vec{F}$

나중 속도 $\vec{v}$

질량 m

운동량 $\vec{mv_0}$ ＋ 충격량 $\vec{Ft}$ ＝ 운동량 $\vec{mv}$

$\vec{v_0}$의 속도로 이동하는 물체에 작용하는 힘은 질량에 반비례하는 정도로 가속도 $a=f/m$을 주는데, 그 가속도 a가 나타나는 시간 동안 속도가 증가 at하게 된다. 즉, $v=\vec{v_0}+at$로 나타난다.

여기에 질량을 곱해 주면, 운동량과 충격량의 관계로 해석할 수 있다. 받은 힘을 굳이 자신의 질량만큼 나눠도 되지 않으니 일반적으로 적용할 수 있는 운동의 기술 방법이다. 그런데 쇼트트랙에서 하는 바통 터치처럼 순간순간 바뀌는 힘의 크기를 알 수 없는 경우는 어떻게 할까?

다행히도 힘이 작용하는 시간이 짧아서 그 순간의 운동이 궁금하지 않은 경우에는 굳이 순간순간 변하는 힘과 힘이 작용한 시간을 알 필요가 없고, 충돌 후의 순간만 관심의 대상이 된다.

바통을 전달받는 스케이트 주자의 운동이 비록 일정한 힘을 받는 것은 아니지만, 평균적으로 작용하는 힘과 그 힘이 작용한 시간

을 안다면 힘을 전달받은 뒤 운동이 어떻게 변하는지 아래의 그래
프처럼 나타낼 수 있기 때문이다.

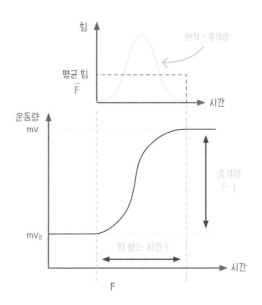

우리 주변에 작용하는 힘, 특히 생명체가 주는 힘은 순간적으
로 작용하고 사라지는 경우가 많아서 속도의 변화가 일정하지 않
다. 운동의 변화는 충격이라는 순간적으로 작용하는 힘과 지속 시
간에 의해 나타나고 운동량의 변화가 결정된 경우에는 지속 시간
에 의해 나타나고, 운동량의 변화가 결정된 경우에는 지속 시간을
늘려서 갑작스럽게 작용하는 힘충격의 크기를 줄일 수 있다. 충격이
크다면 물체는 탄성한계를 벗어나 부러져 버리거나 타격을 받기 때

문에 실생활에서는 무의식적으로 충격을 줄이는 행동이 많다.

50킬로그램인 사람이 아파트 20층 높이에서 떨어진다고 해 보자. 그 사람은 시속 123킬로미터의 속력으로 땅에 부딪히게 된다. 이때 땅과 충돌하는 시간이 0.1초라면 $340m/s^2$의 가속도에 자신의 질량을 곱한 만큼 힘을 받는다. 이는 중력의 서른다섯 배에 해당하는 힘이다. 그런데 아파트 20층 높이에서 뛰어내려도 몸이 멀쩡한 스포츠가 있다. 바로 스키점프다. 충격을 완화하는 것은 경사면이다. 바닥에 부딪쳐 힘이 작용하는 시간을 극단으로 늘려준다. 60미터 높이에서 점프해서 시속 90킬로미터 이상의 빠른 속력으로 100미터를 날아가지만 충격 시간을 늘려서 한 번에 힘이 가해지지 않도록 하는 장치가 스키장과 스키 플레이트에 녹아 들어 있다. 길고 넙적한 스키 플레이트는 발이 땅에 닿기 전에 운동량을 계속 줄여 주는 역할을 한다.

쇼트트랙에서는 다음 선수가 빨리 뛸 수 있도록 충격량을 가해서 운동량을 증가시켜 주는 거라면, 야구 포수는 운동량을 줄이기 위해 충격량을 받게 된다. 하지만 큰 충격이 가해지면 손가락이 부러질 수도 있으므로 충격의 크기를 줄이기 위해 공을 받는 시간을 늘린다. 이번 장은 운동량을 증가시키는 충격량을 다뤘다면, 다음 장에서는 운동하는 물체를 정지시키기 위해 받는 충격량에 대해 다뤄 보자.

두툼한 야구 글러브의
비밀

✖

충격량을 받는 시간

야구를 좋아한다면 공원이나 운동장에서 캐치볼을 즐길
것이다. 공과 글러브만 있으면 언제 어디서나 간편하게
즐길 수 있다. 마운드를 호령하는 투수처럼 멋지게 공을
던져 보면 어떨까?

뛰어난 투수는 야구공을 무려 시속 160킬로미터만큼
빠르게 던진다. 이는 공이 100미터 높이에서 떨어지는
운동에너지와 같다. 또한 이 에너지면 체중이
60킬로그램인 사람을 24센티미터 위로 들어 올릴
수도 있다. 그런데 이런 공을 맨손이나 맨몸에 맞으면
어떻게 될까? 멀쩡할 수는 없을 것이다. 손을 보호하는
큼직하고 두툼한 글러브에는 충격의 크기를 줄여 주는
원리가 숨어 있다.

투수가 던지는 힘을 야구공에 가하면 야구공의 운동 상태가 변한다. 즉 운동량이 변한다. 그런데 야구공의 입장에서 생각해 보면, 투수에게 '충격'을 받는다고 표현할 수도 있다. 투수의 손에 쥐어진 야구공은 오랜 시간 동안 야구공에 힘을 가해 충분한 충격량을 전달하고 야구공은 그 충격량을 받아 운동의 변화량으로 갖게 된다.

이제 이렇게 날아오는 공을 받을 때 문제가 발생한다. 투수가 던지는 시간만큼 천천히 공을 받으면 좋으련만 손으로 받는 시간은 순식간이다. 엄청난 운동량이 짧은 시간 동안 가해지면 그만큼 순간 받는 충격은 클 수밖에 없기 때문이다.

충격량의 힘은 물체와 접촉하는 순간 커지기 시작한다. 충분한 힘이 전달된 후에는 물체와의 접촉이 떨어지거나 충돌 뒤 떨어져 나가는 경우 두 물체 사이의 속력차가 사라지면서 두 물체가 하나가 되는 경우 힘의 크기도 줄어든다. 따라서 몸이 받는 충격은 운동이 정지하기까지 얼마나 힘을 조금씩 나눠 받는가에 따라 달라진다.

야구 글러브는 입구부터 두껍게 만들어 공이 글러브 안에서 멈출 때까지 접촉 시간을 늘려 줘서 매 초 받는 힘의 크기, 즉 충격력을 줄여 준다. 여기에 투수의 공을 받을 때 손을 뒤로 빼면서 받는 것은 날아오는 공과의 접촉 시간을 늘려 힘의 세기를 줄이기 위한 방법이다. 글러브에는 공을 받는 그물이 있어서 공을 손에 직접 닿게 하지 않고도 받을 수 있다. 특히 빠른 공을 자주 받아야 하는 포수와 1루수는 미트mitt라고 부르는 더욱 두툼한 글러브를 쓴다.

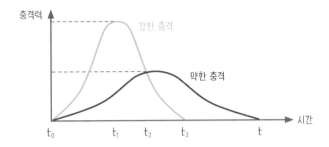

공이 글러브에 들어가는 순간을 그래프로 이해해 보자. 강한 충격을 나타낸 부분을 보자. 시간 t_0에서부터 공이 글러브에 접촉하기 시작한다면, t_1에는 공이 글러브에 최대한 접촉해서 찌그러지면서 그 힘을 손바닥에 전달한다. 그다음 다시 공이 펴지면서 점점 줄어드는 힘을 손바닥에 가하다가, 시간이 t_3이 될 때는 완전히 정지하면서 더 이상 힘을 가하지 않게 된다. 세로축은 순간순간 작용하는 힘을 나타낸 것이다. 야구공을 글러브의 두꺼운 부분으로 받거나 손을 빼면서 받으면 공이 글러브와 접촉하는 시간이 늘어나면서 순간순간 받는 힘이 약하게 전달된다.

포수의 글러브가 공의 충격력을 줄인다면, 타자는 날아오는 공을 반대 방향으로 쳐서 더 큰 운동량을 만들어 낸다. 야구공이 방망이에 부딪혀서 튕겨나가는 순간을 짧게 쪼개어 보면 공이 마치 9톤의 철근에 깔린 것처럼 납작하게 눌렀다가 튕겨 나온다.

태권도 선수도 격파 시범을 할 때 충격량을 잘 활용한다. 물체를 파괴하기 위해서는 오랜 시간 힘을 준다고 해결되는 것이 아니라 물체가 견딜 수 있는 힘을 넘어서는 힘이 잠시라도 작용해야 한다. 따라서 판자 또는 벽돌을 격파하기 위해서는 순간적으로 세차게 내리치는 것이 중요하다. 어설프게 격파하느라 힘을 줬다가는 판자가 부서지지는 않고 오히려 손만 아프다. 반면 잘 훈련된 선수라면 짧은 시간에 순간적으로 큰 힘을 발휘해 물체를 격파한다.

스카이다이빙을 할 때는 몸을 펼쳐서 공기와의 충돌을 크게 해 중력이 주는 운동량만큼 마찰에 의한 충격량으로 바꾸어 떨어지는 사람의 운동량을 줄일 수 있다. 낙하산도 마찬가지다. 낙하산을 펼치는 순간 공기의 저항이 커져서 낙하산에 주는 충격량이 커지고 운동량을 급격하게 줄일 수 있다.

감당하지 못할 엄청나게 큰 힘을 한 번에 쏟아내는 것과 조금씩 오랫동안 가하는 것의 차이는 운동뿐만 아니라 여러 사례로 생각해 볼 수 있다. 엄청난 파괴력의 핵무기는 핵에너지를 한 번에 쏟아내는 것이고, 핵발전소는 같은 양의 에너지를 조금씩 나눠 사용해 생활에 필요한 전기에너지를 공급한다. 유리가 바닥에 떨어지려고 할 때 이불이나 쿠션을 갖다 대서 충격력의 최대 크기를 줄이기도 하고, 고층에서 화재 사고가 났을 때 낙하하는 사람이 다치지 않도록 매트리스를 깔아 순간 가해지는 힘을 줄여 다치지 않도록 한다.

땀을 흠뻑 흘렸는데
아무런 일도 안 했다고?

✖

일과 에너지

가족들 앞에서 힘자랑을 하려고 역기 드는 흉내를 내고
있는데 아빠가 내 두 주먹 사이로 진짜 역기를 올렸다.
어디 근육이 얼마나 있는지 보자며 1분만 버티면
원하는 소원을 들어주겠다고 하셔서 역기를 떨어뜨리지
않으려고 악착같이 애썼다. 그러나 시간이 지날수록
땀은 계속 흐르고 팔이 후들거린다. "일도 안 하면서
웬 땀을 그렇게 흘리니?"라며 아빠가 약 올리신다.
일을 하지 않았다니! 이렇게 땀 흘리며 일 하는 게
안 보이시나? 어째서 아무런 일도 하지 않았다고 하는
걸까?

과학에서 일은 물체에 힘을 주면서 그 방향으로 이동한 거리를 곱한 값으로 정의한다. 즉, 물체에 힘을 가해서 그 방향으로 이동시켰을 때 일을 했다고 한다.

힘이 작용하는 방향과 같은 방향으로 이동할 때만 그 물체에게 일을 했다고 한다. 일을 W, 힘을 F, 이동 거리를 S라고 하면 일의 양은 다음 수식으로 표현할 수 있다. 여기에 같은 방향이라는 것을 강조하기 위해 아래와 같은 특수한 표기를 쓴다.

$$W = \vec{F} \cdot \vec{s}$$

그래서 물체를 바닥에 끌면서 옮길 때는 일을 한 것이지만 물체를 들고 이동할 때, 움직이지 않는 벽을 밀 때, 이동은 하지만 힘을 주지 않았을 때 각각의 경우에 대해 일을 하지 않았다고 한다.

역기를 공중으로 들면 중력이 다시 내가 팔을 움직인 거리만큼 이동하며 바닥에 떨어질 수 있게 된다. 즉, 내가 중력을 거슬러 역기에 한 일이 다시 중력이 역기에 하는 일이 된다. 그런데 물체를 든 채로 가만히 멈춰 있으면 역기는 이동하지 않으며 역기에 대해 중력이 할 수 있는 일의 양도 바뀌지 않는다. 역기를 들고 몸을 앞으로 이동할 때도 중력에 의한 역기의 위치에너지는 바뀌지 않는다. 그래서 이럴 때는 일을 하지 않았다고 한다. 꿈쩍하지 않는 역기를 들려고 끙끙거리다가 들어 올리지 못했을 때에도 역기에게 한 일은 없다. 마찬가지로 역기의 위치에너지에 변화가 없어서다.

이렇듯 과학에서 의미하는 일은 우리의 상식과 다르기에 구체적인 사례로 이해하지 않으면 혼란스럽다. 과학에서는 힘을 주지 않거나 힘을 줘도 물체가 움직이지 않거나 힘을 주는 방향과 수직인 방향으로 이동하면 일을 하지 않는다고 한다. 분명히 나는 일을 하는 것 같은데 과학에서는 일을 하지 않았다고 한다. 그러면 언제 일을 했다고 하는 걸까? 일을 하는 경우와 하지 않는 경우에 무슨 차이가 있을까? 일은 에너지와 밀접한 관계가 있는 것으로 일을 받은 대상에 에너지가 증가하게 되었으면 일을 받았다고 하고, 에너지의 변화가 없다면 일을 받지 않았다고 해석한다.

내 몸은 움직인 만큼 튼튼해진다

어떤 대상에게 힘을 주면서 그 방향으로 이동시킨다면 나는 그 대상에게 일을 한 것이다. 힘을 줬는데 물체가 움직이지 않거나, 힘을 줬는데 운동 방향과 수직이거나, 움직이지만 힘이 들어가지 않았다면 물체에게 일을 하지 않은 것이다. 물체에게 힘을 주기 전과 후에 에너지의 변화가 없기 때문이다. 이때도 일을 한 것 같다면 그 물체가 아닌 다른 대상에게 일을 한 것이 아닌지 확인해 보자.

과학에서 말하는 정의대로 생각해 보면 왠지 억울하다. 역기를 들기 위해 그렇게 땀을 흘렸는데도 아무런 일도 하지 않았다니! 그런데 이런 생각에는 함정이 있다. 물체의 운동에 관해서 일을 한다고 했을 때는 그 물체에 하는 일을 이야기한다. 즉, 내 몸에 대한 일을 하고 있다는 사실은 생각하지 않은 것이다. 내 몸은 역기를 들고 있는 동안 뇌세포에 에너지원과 산소를 공급하고 근육을 통제한다. 근육은 수축과 이완을 반복하며 버틴다. 심장 역시 온몸에 에너지를 공급하려고 펌프질을 하며 열을 낸다. 힘이 빠지고 열이 올라가는 이유가 여기에 있다. 이때 나는 역기에는 일을 하지 않아도 내 몸에게는 일을 하는 것이다.

무거운 물체를 들었다 놓았다 하거나 특정 자세를 취하고 있는 행동들이 무의미한 행동으로 보일 수 있으나 근육신체를 단련하는 과정이다. 역기를 들었다 놓았다 하는 과정은 에너지를 주고 뺏는 하는 과정이지만 근육은 일을 하며 혈액 순환을 촉진시키고 근육을 더욱 튼튼하게 만들고 있는 과정이다. 가볍게 할 수 있는 운동이지만 근육의 힘을 확인하며 키울 수 있는 방법이다.

우리는 살기 위해 끊임없이 먹고 움직인다. 심지어 죽은 듯이 멈춰 있어도 뇌의 신경세포는 에너지를 쓰며 전기 신호를 나르고 있다. 그런데 안 움직이면 에너지 소비를 최소화하려는 신체는 근육을 녹이며 점점 기능을 잃게 하고, 에너지원을 지방으로 저장하면서 신체 기능에 이상을 가져온다. 근육이 부족해서 심장병, 당뇨 질환 등이 생기고 쉽게 뼈가 부러진다든지 척추가 휘어지는 등의 건

강 이상으로 이어진다.

가만히 엎드려 있어도 격렬한 운동

겉보기에 가만히 있는 것 같은 운동도 중력에 대해 특정한 자세를 유지하는 것으로 일을 했다고 말할 수 있다. 이때 물론 중력은 사람에게 일을 하지 않는다. 중력이라는 힘이 가해지지만 움직이지 않았으므로 사람이 중력에 대해 가지는 에너지는 변화가 없기 때문이다. 하지만 사람의 몸 내부로 들어가 보면 일에 대한 관점이 달라진다. 신체 내부의 근육과 각 기관이 일을 하는 셈이다.

예를 들어 투명 의자 자세인 스쿼트 자세는 깊숙이 들어가면 우리 근육에 일을 하는 자세다. 중력에 대해 힘을 주고 있지만 움직이지 않고 있다면 중력에 대해 일을 하지 않았다고 한다. 외부에서 보는 사람은 에너지 변화가 없기 때문이다. 하지만 신체 내부로 들어가면 근육이 스스로에게 에너지를 쓰며 일을 하고 있다. 아무런 동요 없이 가만히 있는 것은 어떻게 보면 기계나 인형처럼 에너지가 없을 때 일어나는 자세다. 그러나 직접 해보면 알겠지만, 이런 자세로 시간이 조금 지나면 다리가 후들거리며 통증이 오기 시작한다. 아래 방향으로 작용하는 중력에 저항해 근육이 특정 자세로 힘을 주며 버티고 있어야 하기 때문이다.이때도 근육 내부에서는 열심히 일을 하는 상태다. 밥을 먹지 않고는 이런 자세를 유지할 수도 없고 이런 자세를 취하게 되면 에너지가 떨어진다. 결국 일을 하고 있는데, 이 일은 내 자신의 근육에게 하고 있는 것이다. 물론 뇌에서 에너지를 쓰면서 몸의 자극에서 오는 고통을 느끼고 생각하고 판단하기도 한다. 그리고 근육은 미세하게 수축과 이완을 하면서 열을 발생시킨다. 얼굴이 달아오르고 땀이 나지 않는가? 즉, 중력에 대해서는 일을 하지 않지만 나 자신에게 일을 하고 있는 것이다. 예전에 벌이라 생각했던 것도 사실은 근육을 키우고 지방을 태우는 아주 훌륭한 운동으로, 요즘에는 살을 빼고 근육을 늘리기 위해 돈을 주고 이런 자세를 배우는 사람도 많다.

일정한 속도로 달리는 사람은 어떨까? 일정한 속도로 이동하는 경우 힘을 받지 않았으므로 일을 하지 않았다. 마찰력과 마찰력에 대한 힘이 상쇄되어 사람에게 작용하는 힘은 0이기 때문에 속도도 일정한 것이다. 처음 운동에너지와 달리는 중의 운동에너지에 차이가 없다. 따라서 마찰력에 대해 힘을 주고 움직이기 때문에 마찰력에게 일을 했지 사람에게 일을 하지 않았다고 본다. 하지만 사람 신체 내부로 들어가면 근육이 일을 하고 있다. 겉으로 보기엔 속도가 일정하니까 일을 안 한다고 생각할 수 있지만 달리는 사람은 오른발을 들어 올렸다가 뒤로 밀쳤다가 왼발을 들어 올렸다가 밀쳤다가 한다. 따라서 육체에 끊임없이 힘을 주며 운동 상태에 변화를 준다. 바닥을 비스듬히 차면서 마찰력과 중력에 대해 꾸준히 일을 하고 있다.

그런데 만일 모자를 쓰고 달리고 있다면 그 모자에게는 일을 하고 있지 않을 것이다. 이동 방향과 모자가 받는 중력 방향은 수직이다. 따라서 힘과 이동 방향이 수직이라 중력은 모자에 일을 하지 않는다. 달리기 전이나 달린 후에나 모자가 가지고 있는 에너지는 변함없기 때문이다.

✖

땀나는
실험

플랭크란 납작 엎드린 자세로 버티는 운동으로 '널빤지'라는 뜻이다. 복근, 골반, 등, 엉덩이와 같은 몸의 중심 부위를 단련해 몸의 균형을 잡도록 도와준다. 팔꿈치를 어깨 바로 아래에 놓고 다리를 최대한 뻗어 바닥에 엎드린다. 어깨에서 발목까지 일직선이 되도록 몸을 들어 올린다. 가만히 있는 것 같지만 코어 근육을 단련시키는 운동이다.

상상을 현실로!
가상현실 게임

SF영화 중에서 걸작으로 손꼽히는 〈토탈 리콜Total Recall〉1990을 보면 아주 인상적인 미래의 모습이 나온다. 한 사람이 집에서 고글을 쓰고 손에 간단한 장비를 잡은 채 허공에 대고 열심히 움직이는 모습이다. 영화가 개봉한 당시에는 생소한 모습이었고 상상이었지만 현재 이 기술은 게임에도 적용되어 일상적인 풍경이 되었다. 입체 영상을 보면서 몸을 움직이며 운동을 했던 이 장면은 현재 진짜 같은 감각을 느낄 수 있는 단계에 와 있다. 바로 가상현실 게임이다.

우리가 기구에 탑승한 상태에 있다면 운동을 느낄 수 있을까? 앞서 설명했듯이 우리 몸은 아주 정밀한 가속계다. 이 말은 속도의 변화만 느낄 수 있지 속도의 빠르기 자체는 알 수 없다는 것이다. 그래서 아주 흔들림 없이 움직이는 자동차, 비행기 같은 경우에는 우리가 탑승했는지도 모를 정도로 운동을 파악하기 어렵다. 시속 500킬로미터로 날고 있는 비행기라도 일정한 고도를 안정한 기류 속에서 날고 있다면 비행기가 출발했는지 대기 중인지 비행기 안에서는 알 수 없을 정도다.

우리 몸에서 빠르기와 운동 방향을 감지하는 것은 피부도 아니고 소리도 아니고 귀 내부에 있는 평형감각기관이 전부다. 물론 주변에 상대적인 운동을 관찰할 수 있는 배경이 있다면 시야를 통해 움직임을 감지할 수도 있다. 가상현실 게임은 우리 몸의 바로 이러한 감각을 십분 활용해 개발되었다.

입체 영상을 자주 보더라도 정말 내가 움직이고 힘을 받는다고 생각하지는 않는다. 눈으로는 입체감이 느껴지지만 몸이 느끼는 감각이 없다는 것을 몸이 금세 알아챌 수 있다. 그래서 게임 장치에는 방향이나 빠르기가 바뀔 때마다 사람이 앉은 자리에 충격을 조금씩 주는 기능이 있다. 그러면 마치 실제 움직이는 듯한 느낌을 받을 수 있다.

가상현실 게임 체험관에 가면 레이싱 게임부터 시작해 롤러코스터, 전쟁 게임에 이르기까지 다양한 게임이 있다. 동남아의 관광지에서는 이미 수년 전부터 운동을 느끼게 하는 요소를 파악하고 온몸으로 느끼는 가상현실 게임을 만들었다. 그런데 우리나라처럼 비싼 장비가 없어서 재미있는 풍경을 볼 수 있다. 아래위, 앞뒤, 좌우로 흔들리는 판 위에서 관광객이 고글을 끼고 롤러코스터 영상을 보면 판 뒤에서 아르바이트생이 관광객의 영상을 모니터로 보면서 판을 흔들어 주는 풍경이다. 그러면 관광객은 마치 진짜 롤러코스터를 타는 것 마냥 비명을 지르고 겁에 질리기도 한다. 이와 같이 눈으로 느끼는 상대적 운동과 우리 몸의 평형기관이 느끼는 가속을 적절히 이용하면 가상현실도 진짜 현실인 것처럼 생생하게 만들어 낼 수도 있다.

3. 작용·반작용의 법칙

주는 만큼 받는 제로섬 게임

체육대회에서 100미터 달리기경주를 앞두고 비장의 무기를
준비했다. 출발선에서 바닥에 엎드린 자세를 취하면 누군가
날 이상하게 생각할지도 모른다. 하지만 그 누구보다도 빨리
뛰어갈 자신이 있다. 작용·반작용의 법칙으로 땅이 나를
힘껏 밀어 줄 테니까.

손뼉 씨름의
고수가 되는 법

✖

물체 사이의 작용·반작용

손뼉 씨름은 언뜻 정말 쉬워 보인다. 마주 본 상대의 손바닥을 힘껏 밀기만 하면 금세 넘어뜨려 이길 수 있을 것 같다. 그런데 이게 웬걸? 있는 힘을 다해 손바닥을 미는데 상대는 손바닥을 가볍게 피하기만 할 뿐 꿈쩍하지 않는다. 상대는 여유로운 표정으로 내가 공격하기만을 기다리는 것 같다!

약이 올라 한 번 더 공격을 시도한다. 이번에야말로 상대를 한 방에 쓰러뜨리고자 두 팔을 크게 휘두른다. 그러나 상대가 휙 피하는 바람에 중심을 잃고 쓰러진다. 어떻게 힘을 준 쪽이 쓰러지고 아무런 힘도 주지 않은 사람이 멀쩡히 서 있을까? 정답은 작용·반작용의 법칙에 있다.

손뼉 씨름을 해본 사람이라면 손바닥을 밀치는 사람이건 그 밀치는 힘을 받는 상대방이건 똑같이 힘을 받는다는 것을 알게 된다. 이것이 뉴턴의 제3법칙인 작용·반작용의 법칙이다. 두 물체 사이의 힘은 항상 서로 반대 방향으로, 같은 크기로 동시에 나타난다. 내가 힘을 가하든 상대가 먼저 힘을 가하든, 두 사람에게 동시에 같은 크기의 힘이 나타난다. 이때 질량이 크면 관성이 커져서 웬만한 힘에도 잘 움직이지 않는다. 그래서 손뼉 씨름은 몸무게가 비슷한 사람과 해야 더욱 아슬아슬하다. 무거울수록 절대적으로 유리하기 때문이다. 게임을 여유 있게 즐기면서 손쉽게 이기고 싶다면 나보다 덩치가 작고 가벼운 친구와 하면 좋다.

상대에 힘을 주면 나도 그만큼 힘을 받는다. 다시 말하면 내가 힘을 받았으면 상대도 힘을 같이 받게 된다. 무턱대고 상대를 밀면 본인도 뒤로 밀릴 수 있다는 말이다. 실제로 해보면 상대방과 함께 자신도 뒤로 밀려남을 알 수 있다.

✱ 뉴턴의 제3법칙: 작용·반작용의 법칙
한 물체가 다른 물체에 힘을 가하면 다른 물체도 힘을 가한 물체에 크기가 같고 방향이 반대인 힘을 작용한다.

상대가 방심한 틈에 밀치거나 상대의 힘을 받더라도 넘어지지 않도록 균형을 잡는 것이 관건이다. 때로는 속임수를 써서 상대의 힘을 받는 것처럼 하면서 힘을 받지 않도록 팔에 힘을 재빨리 뺄 수도 있다. 그러다가 순발력을 이용해 상대편의 손바닥을 팍 칠 수도 있다. 상대의 행동을 예측하고 전략을 짜서 힘을 줬다가 빼는 심리전이 따른다.

앞으로 무게중심을 둔 상태에서 상대방을 세게 밀쳐도, 상대방이 손에 힘을 빼고 그 힘을 받지 않으면 앞으로 고꾸라진다. 이게 손뼉 씨름의 매력이다. 다양한 자세와 손동작으로 상대를 약 올리고 혼란스럽게 만들어 이길 수 있다.

따라서 얼음판 위에서 하는 손뼉 씨름은 재미없다. 질량이 큰 사람은 거의 밀리지 않고 질량이 적은 사람은 무조건 잘 밀리는 자연법칙을 거스를 수 없기 때문이다. 하지만 땅 위에서는 바닥과 발 사이에 마찰이 작용한다. 이를 잘 이용하면 손뼉 씨름도 심리전과 재빠른 동작을 필요로 하는 두뇌 게임으로 바뀐다.

그렇다면 가벼운 사람은 절대 무거운 사람을 이길 수 없는 것일까? 몸집이 작은 아이가 무거운 어른을 전혀 이길 수 없는 것일까?

가만히 있는 어른을 손바닥으로 밀치면 당연히 어른보다 아이가 쉽게 뒤로 밀린다. 하지만 뒤로 밀릴 것을 충분히 예상하고 몸의 중심을 앞으로 기울이면서 어른의 손바닥을 재빨리 밀면, 무거운 어른이라도 밀려서 뒤로 넘어갈 수 있다.

반대로 어른의 공격에 대해 아이는 공격을 받는 척하며 피하는 것이 상책이지만, 혹시라도 공격을 받아치려면 힘껏 앞으로 중심을 옮기면서 밀어야 한다.

지구와 사람 사이에도 작용·반작용이 늘 있다

작용·반작용은 지구와 지구 위에 있는 사람간의 상호작용으로도 설명할 수 있다. 땅 위에 서 있는 질량 100킬로그램의 사람을 가정해 보자. 지구는 100킬로그램인 사람보다도 5.9742×10^{22}배나 무겁다. 따라서 지구를 597×10^{20}킬로그램만큼의 사람들이 한쪽에 모여 있는 덩어리라고 생각해 볼 수 있다. 그리고 100킬로그램인 한 사람과 지구 사이의 작용·반작용은 그 덩어리에서 다른 한 사람이 떨어져 있을 때 만유인력에 의해 당기는 힘으로 생각해 볼 수 있다.

모여 있는 한 사람 한 사람이 100킬로그램의 사람에게 가한 만유인력이 그 사람의 몸무게9.8×질량가 된다. 반대로 멀리 떨어진 사람이 뭉쳐 있는 사람 한 사람 한 사람에게 가하는 힘의 크기는 자신의 몸무게의 597×10^{20}분의 1만큼의 힘에 해당된다. 따라서 뭉쳐 있는 사람 한 사람 한 사람은 거의 느끼지 못하는 가속도 $\frac{9.8}{5.97}$ $\times 10^{-22} \text{m/s}^2$를 받게 된다. 이것은 한 사람이 6,400킬로미터 떨어진 곳에 가하는 가속도와 같다.

정리하자면, 지구와 사람은 질량 사이의 상호작용으로 서로 같은 힘으로 당기고 있다. 지구는 사람을 9.8m/s^{2}으로 가속시키지만 사람은 지구를 그것의 10^{22}분의 1보다도 작은 가속도로 당긴다. 그러므로 지구가 당겨지는 힘은 사람이 받는 무게와 같더라도 지구가 사람으로 끌려오는 가속도는 무시할 정도라 하겠다.

✖

땀나는
실험

작용·반작용을 느낄 수 있는 간단한 실험이 있다. 지금 당장 방 안의 벽에 두 손을 갖다 대고 밀어 보자. 세게 밀수록 내 몸이 튕겨 나가는 것 같은 반동이 전해질 것이다. 정지된 벽을 밀 때 벽을 미는 힘을 내가 느낄 수 있는 이유는 벽도 내 손을 밀기 때문이다.

달리기할 때
왜 엎드려서 출발할까?

✖

지표면과의 작용·반작용

1896년 아테네에서 열린 제1회 올림픽의 남자 100미터 달리기 결승전. 선수들은 출발선에서 각자 편한 자세를 취했다. 왼발을 뻗은 채 무릎만 살짝 구부린 선수가 있는가 하면, 몸을 옆으로 하고 두 팔을 크게 벌린 사람, 허리를 살짝 숙이고 앞을 바라보는 사람도 있었다. 그런데 유독 한 사람이 눈에 띄었다. 미국의 선수 토머스 버크가 두 손을 땅에 짚은 채 엉덩이를 높게 치켜들고 있었다. 그전까지는 전혀 본 적이 없는 이상한 자세였다. 관중들은 우스꽝스럽다며 비웃었다. 그러나 버크는 놀라울 정도로 기록을 단축하며 금메달을 따냈다. 당시에는 비웃음을 받았던 그의 자세는 지금은 크라우칭 스타트Crouching start라고 불리는 육상 출발법의 교과서다.

걷거나 뛰기 위해 꼭 필요한 힘, 작용·반작용

크라우칭 스타트는 몸을 잔뜩 웅크렸다가 캥거루가 튀어 오르듯 발을 쭉 뻗으며 출발하는 자세다.

우리가 걷거나 뛰기 위해서는 바닥을 밀어 줘야 한다. 바닥에 가한 힘만큼 같은 크기의 힘을 받아야 나갈 수 있다. 쉽게 말해 바닥을 밀치며 앞으로 나가는 것이다. 물론 지구라는 엄청난 질량의 물체를 밀치기에 지구는 꿈쩍도 하지 않는다. 내가 받는 힘과 지구가 받는 힘이 같은데도 말이다. 대신 나는 그 힘으로 앞으로 나아가는 추진력을 얻는다. 즉 여기서도 작용·반작용의 법칙을 그대로 적용할 수 있다. 만약 바닥이 얼음판처럼 미끄러우면 나의 힘이 바닥에 온전히 전달되지 못한다. 그러면 힘을 바닥에 전달하지 못한 나는 바닥으로부터 힘을 받지도 못해 앞으로 나가지 못한다. 그러면 제자리에 머무르면서 균형이 흐트러져 퐈당 넘어질 것이다.

스타팅 블록은 왜 생겼을까?

빠르게 달리기 위해 또 하나 고려할 부분은 힘의 방향이다. 발을 아래로 차면 위로 튀어오를 것이고, 뒤로 차면 앞으로 튀어나올 것이다. 그래서 앞으로 빨리 튀어나가기 위해서는 뒤로 차는 힘이 필요하다. 그렇다고 해서 뒤로만 차면 바닥에 힘을 전달하지 못하고 미끄러져 버린다. 마찰력은 두 면 사이의 마찰계수 못지않게 바닥을 누르는 힘에 의해 결정되기 때문이다.

그래서 스타팅 블록Starting block이 생겼다. 크라우칭 스타트로 출발할 때 추진력을 최대한 높이는 보조 도구다. 스타팅 블록은 지면에 고정해서 발을 놓는 각도를 조절할 수 있다. 그런데 앞으로 빠르게 튀어나가겠다고 지면과 수직으로 설치하면 달리는 데 도움이 되지 않는다. 지구 중력이 우리 몸을 지구 중심으로 잡아당기므로 앞으로 나가다가 바닥으로 떨어질 것이다. 그래서 두 번째 발을 디디려고 해도 허공을 차거나 바닥을 스치며 차게 되어 바닥에 힘을 잘 전달할 수 없다. 그래서 넘어지지 않을 만큼, 미끄러지지 않을 각도로 지면을 차야 한다.

육상 경기장 바닥에는 넘어졌을 때 충격이 심하지 않은 적당한 쿠션이 있고, 신발이 미끄러지지 않을 만큼 거칠다. 이는 비스듬하게 바닥을 차더라도 그 힘을 그대로 다 전달할 수 있도록 바닥의 마찰력을 높여 준다. 신발 또한 가볍고 잘 미끄러지지 않는 육상화를 신는다. 육상경기는 선수 본인의 힘뿐 아니라 경기장 시설, 운동용품과 함께 달리는 자세 등 여러 요소가 순간의 기록의 단축을 좌우한다. 스포츠는 과학이라는 말을 스포츠의 꽃인 육상경기에서도 실감할 수 있는 셈이다.

마찰력으로 이해하는 추진력

두 물체가 마찰한다고 해보자. 두 표면 사이의 거칠기를 마찰계수라고 하고, 두 표면이 서로 누르는 정도를 수직항력이라고 한다. 접촉면에 수직으로 저항하는 힘이어서 이런 이름이 붙었다.

지구의 중력은 질량이 있는 물체를 땅 밑으로 잡아당기므로 땅과 물체 사이에는 수직항력이 작용한다. 여기에 땅과 물체 사이에 마찰계수를 곱한 만큼 마찰력이 생긴다. 두 면이 붙어 함께 움직이면 정지마찰력이 작용한다. 정지마찰력은 외부에서 가하는 힘의 크기만큼 두 물체에 작용한다. 그러므로 외부의 힘과 같은 크기로 나타난다.

그런데 외부에서 가하는 힘의 크기가 계속 커지면 어느 순간 두

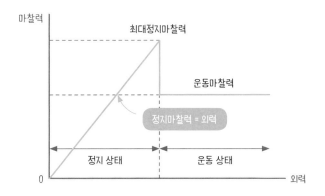

최대정지마찰력은 운동마찰력보다 크다.
그래서 처음 밀 때는 힘들지만 한번 움직이기 시작하면 힘이 덜 들어간다.

물체는 붙어 있지 않고 미끄러지기 시작한다. 이렇게 두 면이 미끄러질 때는 정지마찰력 대신 일정한 크기의 운동마찰력이 작용한다. 미끄러지지 않고 버틸 수 있는 가장 큰 힘을 최대정지마찰력이라고 한다. 물체가 미끄러지더라도 운동마찰력은 일정 크기로 계속 작용하는데, 최대정지마찰력보다는 낮게 나타난다. 운동마찰력이 계속 작용하면 두 물체 사이의 운동 속도는 점점 줄어들고, 결국 운동은 사라진다.

예를 들어 살펴보자. 판 위에 나무토막을 올리고 판을 기울이며 나무토막이 아래로 떨어지는 각도를 조절해 보자. 판을 바짝 세우면 지구 중력을 나무토막이 그대로 받을 것이고, 판을 바닥에 두면 나무토막이 받는 중력을 나무판이 상쇄시켜 아무런 힘이 작용하지 않는다. 한편 판을 특정한 각도로 세우면 그 각도에 따라 중력의 일부는 판이 받쳐 주는 힘으로 사라지고 일부는 판을 따라 작용한다. 판을 따라 작용하는 중력의 빗변 성분이 나무토막이 미끄러지는 힘을 만들고, 판이 받쳐 주는 힘과 중력의 빗면을 누르는 성분은 서로 상쇄된다. 최종적으로 미끄러지는 힘만 작용해 물체가 빗면을 따라 내려온다.

바닥에 있던 판을 위로 들어 올리면 미끄러지는 힘이 점점 커지는데도 특정한 각도가 될 때까지는 물체가 어느 정도는 미끄러지지 않는다. 힘을 받고 있는데도 정지해 있다는 것은 물체에 작용하는 알짜힘은 없다는 말이다. 물체에는 미끄러지는 힘과 같은 크기의

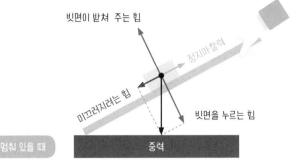

빗면이 받쳐 주는 힘

정지마찰력

미끄러지려는 힘

빗면을 누르는 힘

중력

멈춰 있을 때

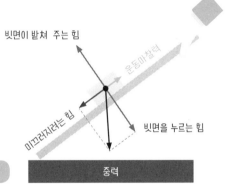

빗면이 받쳐 주는 힘

운동마찰력

미끄러지려는 힘

빗면을 누르는 힘

중력

미끄러질 때

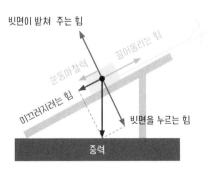

빗면이 받쳐 주는 힘

운동마찰력

끌어올리는 힘

미끄러지려는 힘

빗면을 누르는 힘

중력

끌어올릴 때

힘이 반대쪽으로 작용하고 있는 것이다. 이를 정지마찰력이라고 한다. 각도를 올릴수록 미끄러지는 힘이 커지고 따라서 정지마찰력도 같이 커진다. 그러다가 어느 순간 미끄러지기 시작하는데 그 순간이 정지마찰력이 가질 수 있는 가장 큰 힘인 최대정지마찰력이다.

다시 달리기로 돌아와서 잘 뛸 수 있는 방법을 살펴보자. 모래 바닥과 같이 미끄러우면서도 어느 정도의 운동마찰력이 있다면 그 운동마찰력의 크기만큼 추진력을 얻을 수 있다. 100뉴턴의 힘을 주려고 했는데 운동마찰력으로 20뉴턴밖에 바닥에 가해지지 않았다면 80뉴턴은 허공을 밀치는 힘으로 사라지고, 바닥이 발에 가하는 20뉴턴의 힘으로 추진하게 된다. 어떻게 하면 최대한 큰 힘을 받을 수 있을까? 100뉴턴의 힘이 외부로 가지 않고 바닥에 그대로 가기 위해서는 바닥과 신발 사이의 최대정지마찰력이 100뉴턴보다 커서 100뉴턴의 힘 정도는 그대로 바닥이 받쳐줄 수 있어야 한다. 이때 100뉴턴은 정지마찰력으로 작용해 바닥을 차던 사람도 100뉴턴의 힘으로 추진하게 된다.

더 힘차게 찰수록 기록이 단축된다

앞서 설명했듯 뉴턴의 제3법칙인 작용·반작용의 법칙은 A 물체가 B 물체에 힘을 가하면, B 물체 역시 A 물체에 똑같은 크기의 힘을 가한다는 것이다. 그렇기에 앞으로 나가기 위해서는 바닥을 힘껏 차야 한다. 하지만 차는 순간 바닥에서 미끄러진다면 운동마찰력만큼만 바닥에 힘을 가하게 되어 큰 추진력을 얻을 수 없다. 힘을 최대한 받으려면 정지마찰력으로 바닥에 힘을 가해야 한다. 즉, 미끄러지지 않아야 한다. 이를 위해 트랙 경기에서 스타팅 블록을 딛고 출발할 때 스타팅 블록을 강하게 차면, 같은 크기의 반대의 힘이 작용해 앞으로 나아가려는 힘이 생긴다. 크라우칭 스타트는 스타팅 블록을 힘차게 찰 수 있는 최적의 자세다. 몸이 기울어지거나 바닥에서 뜨면 중력에 의해 앞으로 쓰러질 수 있는데 이때 발을 앞으로 내디딤으로써 중력에 대응한 힘을 만들고 앞으로 가속도 가능하다. 특히 상체를 앞으로 기울이면 좋다. 그러면 중력에 의해 몸이 앞으로 쓰러지는 것을 막기 위해 반사적으로 재빨리 반대 발을 내딛게 되어 더 빨리 앞으로 나아갈 수 있다.

빠른 스케이팅의 비결은 스케이트 날?

✖

마찰과 미끄러짐

신나는 겨울방학에 친구들과 함께 놀러간 스케이트장!
스케이트를 처음 타면 미끄러운 얼음판에서 중심을
잡기 어려워 휘청거리며 당황하기 쉽다. 텔레비전에서
본 스케이팅 선수들은 분명 엄청난 속도로 질주했는데,
한 발 내딛는 것도 조심스럽다. 조심스레 발을 내미는
순간 몸이 뒤로 쓱 빠져 버리고, 다음 한 발짝을
내딛어도 먼저 딛었던 발이 다시 제자리로 돌아오면서
한 걸음도 나아가지 못하는 요상한 순간을 경험한다.
마음이 앞서 좀 더 세게 발길질을 하다가 몇 걸음
내딛지 못하고 꽈당 넘어지기도 한다. 평소에 맨땅에서
걷는 것과는 무척 다르다. 얼음판 위에서는 평소에 걷는
것과는 다른 방법으로 다리에 힘을 줘야 할 것 같다.
넘어지지 않고 속도감을 즐기는 방법, 어디 없을까?

미끄러지는 힘만으로는 스케이트를 탈 수 없다

앞서 설명했듯 지표면에서 우리가 걸을 수 있는 이유는 외부에서 힘을 받기 때문이다. 땅을 발로 밀치면 지구가 다시 발을 밀쳐 주는 반작용이 있어 걸을 수 있다. 그러나 매끄러운 얼음판에서는 바닥에 힘을 가하지 못하고 그냥 미끄러진다. 땅에서 걷는 것처럼 무심결에 발을 내딛으면 앞으로 나갈 수 없다. 그렇기에 얼음판에서도 마찰력을 가하지 않으면 아무런 동작을 할 수 없다.

스케이트는 미끄러지는 힘만으로 타는 것이 아니다. 안정적으로 출발하려면 스케이트의 날 부분을 땅과 수직으로 고정해서 미끄러지지 않게 한 다음 힘을 가하며 한 발짝 내딛어야 한다. 이때 스케이트 날이 길수록 더 효과적으로 힘을 가할 수 있다. 그리고 날을 아래로 힘을 주어 찍는다. 스케이트의 날이 길면 얼음판 표면에서 직진하는 성질도 강해져 더 쉽게 앞으로 나갈 수 있다. 그래서 빨리 달려야 하는 스피드스케이팅이나 쇼트트랙 선수들은 날이 긴 스케이트를 신는다.

스케이트 날이 납작하고 긴 이유

운동을 잘하기 위해서는 마찰력을 잘 활용해야 한다. 때로는 마찰력을 이용해 힘을 받아 추진해야 하는 경우가 있고, 반대로 마찰력을 줄여서 속도를 유지하거나 중력에 의한 가속도를 살려야 하는 경우가 있다. 스피드스케이팅이 대표적인 예다. 얼음판 위에서 마찰을 없애면 앞으로 나가려고 해도 나갈 수 없고 제자리에서 발버둥치게 된다. 스케이트를 신은 양발을 11자로 한 상태에서 왼발을 앞으로 하면 몸이 뒤로 밀리고, 오른발을 앞으로 내미는 순간 왼발이 뒤로 빠지면서 몸의 중심은 제자리에 있게 된다. 스케이트 선수의 출발 자세를 보면 엉거주춤한 포즈로 앞발은 진행 방향으로 향하고 뒷발의 날은 진행 방향과 수직으로 맞춘다. 그래야 뒷발로 힘껏 땅을 차주고 앞발은 그 스피드가 마찰에 의해 줄어들지 않으며 미끄러져 나갈 수 있다.

온몸을 지탱하는 스케이트 날을 납작하게 만든 이유는 마찰을 줄이기 위함에 있다. 날이 얼음판에 닿는 면적을 작게 하면 좁은 면적에 작용하는 압력 때문에 얼음판이 순간 녹으면서 미끄러지기 때문이다. 스케이트 날은 얼음판을 녹이며 미끄러져 나갈 수 있도록 만들어졌다. 한편 날을 얼음판에 수직으로 세우면 얼음이 녹은 면으로 날이 움직이지 못하므로 미끄러지지 못한다. 그래서 얼음판에 힘을 전달할 때 최대한 마찰력을 이용해 차게 된다. 멈추거나 진행 방향을 바꿀 때도 스케이트 날을 이동 방향에 비스듬하게 두고 땅을 차게 된다. 일자로 생긴 스케이트 날은 이렇게 마찰력을 활용하거나 없애기 위한 수단으로 이용할 수 있다.

스케이트 날이 얼음판에 닿는 압력으로 얼음이 녹아 수막이 형성되면 날이 잘 미끄러져 앞으로 나간다. 날이 지나간 얼음판의 물은 압력이 다시 낮아지면서 얼음으로 바뀌고, 날이 막 맞닿은 얼음판은 압력 때문에 수막이 형성된다. 그러나 온도가 너무 많이 낮아지면 액화가 잘 되지 않는다. 영하 15~20도까지 스케이트가 잘 미끄러지지만, 영하 30도 이하로 내려가면 물이 녹지 않고 바로 얼어서 스케이트를 즐길 수 없다. 얼음판 위에서 잘 미끄러지려면 스케이트 날이 얼음판을 스칠 때 얼음이 액체로 녹아야 한다. 그래야 수막이 생겨 잘 미끄러진다. 그런데 영하의 온도에서 어떻게 얼음이 스케이트 날과 마찰하는 힘만으로 녹을 수 있을까?

여기엔 물의 특성을 이해할 필요가 있다. 물은 1기압에서 섭씨 0도에서는 고체로, 100도에서는 기체로 변하는 성질이 있다. 각각을 얼음, 수증기라 한다. 그런데 압력도 물질의 상태를 변화시킨다. 고체는 분자가 단단히 결합한 것이고 액체는 분자들끼리 느슨하게 결합해 자유롭게 움직이는 상태, 기체는 분자가 서로 떨어져서 보이지 않는 상태다. 압력이 높으면 분자들끼리 더 가까이 다가가게 만들어 기체를 액체로, 액체를 고체로 만든다. 압력이 낮으면 분자들끼리 더 멀어져 고체를 액체로, 액체를 기체로 만들 수 있다. 하지만 물은 특이하다. 물 분자는 수소와 산소가 104.5도의 각도로 결합해 있다. 고체가 되는 순간 부피가 더 팽창하는 특이한 성질이 있다. 온도가 높으면 물 분자의 운동이 활발해져 수소와 산소의 결합을 끊으며 빈 공간을 채우지만, 온도가 낮으면 물 분자의 운동이 느려지고 수소와 산소의 결합 때문에 공간을 만든다. 이 얼음에 압력을 가하면 분자 사이의 결합이 깨어지며 녹아 물로 바뀐다. 온도뿐 아니라 압력도 물질의 상태를 바꿀 수 있음을 보여 준다. 아래의 표는 물의 온도와 압력에 따라 얼음이나 물, 수증기가 될지를 나타낸다. 삼중점인 0.006기압 0.0098도에서는 고체, 액체, 기체 상태가 공존한다. 여기서 온도를 살짝 높이면 기체, 온도를 살짝 낮추면 고체가 되고 기압을 살짝만 높이면 물, 낮추면 기체가 된다.

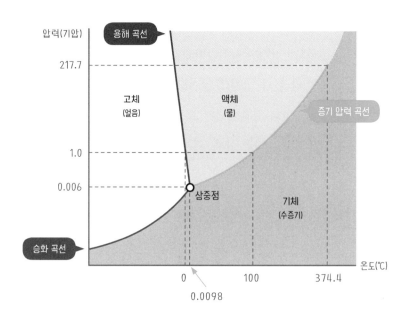

얼음판 위의 체스,
컬링

✖

작용·반작용의 두뇌 게임

"영미, 영미!"

컬링은 우리나라에서 얼마 전까지만 해도 낯선

경기였지만, 2018년 평창 동계올림픽에서 단연 최고의

화제가 되었다. 스톤을 굴리고 빗자루를 열심히 비비며

눈부신 선전을 펼친 국가대표팀 '팀 킴'의 모습에

온 국민이 웃고 열광했다. 대표팀 주장이 경기 중에

자주 외친 선수의 이름 '영미'가 2018년 올해의 말로

선정될 정도로 팀 킴은 많은 관심과 사랑을 받았다.

성적도 눈부셨다. 아시아 국가 중에서는 최초로

은메달을 획득하며 평창 동계올림픽에서 최고의 경기를

펼쳤다. 이제 한층 친근해진 스포츠, 컬링에 담긴 과학은

무엇일까?

컬링curling은 중세 영국의 스코틀랜드에서 시작되었다. 얼어붙은 호수나 강에서 무거운 돌덩이를 빙판 위에 미끄러뜨리면서 즐긴 놀이였다. 그러다가 18세기를 거치면서 세계적인 동계 스포츠로 발전했다. 1998년에 동계올림픽 정식 종목으로 채택되었고 캐나다와 미국, 유럽, 호주, 일본 등에서는 많은 사람이 즐기는 생활 스포츠로 널리 퍼졌다.

컬링은 치열한 두뇌싸움을 요구하는 경기여서 '얼음판 위에서 하는 체스'라고도 불린다. 하우스에 스톤을 많이 집어넣은 팀이 승리하기에 언뜻 규칙이 단순해 보이지만, 무작정 하우스 근처에 스톤을 가까이 밀어 넣는 것만이 전부가 아니다. 상대편이 우리 팀의 스톤을 얼마든지 쳐낼 수 있어서다. 상대의 스톤이 하우스에 못 들어가도록 스톤을 장애물처럼 활용하는 전략을 짜기도 한다. 이미 앞에 놓여 있는 상대편의 스톤을 이용해 우리 팀의 스톤을 하우스에 들어가게 할 수도 있다. 이럴 때 엄청난 두뇌 싸움이 필요하다. 한 번 던진 스톤은 손으로 집거나 밀 수 없지만, 마음을 놓을 수 없다. 빗자루로 얼음판을 매끄럽게 하는 스위핑으로 마찰력을 조절해 스톤을 빠르게 혹은 느리게 움직이게 할 수 있다. 이렇게 스톤에 회전을 걸어서 상대의 스톤을 원하는 방향으로 절묘하게 밀어내는 순간을 보면 마치 마법 같다. 어떻게 이런 전략이 가능한지 꼼꼼하게 따져 보자.

운동량 보존에 담긴 작용 · 반작용의 법칙

스톤을 던지는 순간은 운동량 보존 법칙과 작용·반작용으로 해석할 수 있다. 우선 사람 손을 떠나 굴러가는 스톤의 운명을 운동량을 바탕으로 생각해 보자. 앞서 설명한 스케이트 날과 달리 스톤이 얼음 바닥을 누르는 압력은 얼음을 녹일 만큼 크지 않다. 스톤의 무게가 사람의 무게에 비할 바가 아니어서도 그렇겠지만, 바닥에 닿는 표면적이 넓어서 얼음을 녹일 만큼의 압력을 만들지 못해서다.

스톤을 상대편의 스톤에 맞춰서 밀어내는 경우, 처음 던진 스톤의 운동량이 충돌 뒤에는 충돌하는 두 물체의 운동량으로 나눠 갖는다. 즉, 충돌 뒤 두 스톤의 운동량의 합은 처음 던진 스톤의 운동량과 같다. 마찰의 효과는 상대적으로 보잘것없이 작아서 튕겨 나오는 스톤을 통해 맞은 스톤의 운동을 예측할 수 있고, 어떻게 부딪히는가에 따라 두 스톤의 운동을 대략은 예측할 수 있다.

컬링은 외부 힘의 효과를 최소화하도록 구성되었다. 공기와의 마찰력을 줄이려고 질량이 20킬로그램이나 되는 스톤을 사용하고, 땅과의 마찰력을 줄이기 위해 얼음판 위에서 진행한다. 마찰력은 무게와 밀접한 관련이 있어서 스톤을 밀어도 얼마 못 가서 바로 멈추겠지만 마찰계수를 최소한으로 낮추기 위해서 얼음판에서 경기가 이뤄진다. 그렇다고 해서 마찰력이 전혀 없다면 스톤은 처음 던진 스톤의 운동량으로 날아간다. 그러면 영원히 날아가고 게임은 밋밋해질 것이다.

미끄러운 얼음판 위에서 스톤을 통제하는 결정적인 요소는 다름 아닌 마찰력이다. 얼음판 위에 물방울을 뿌리면 물방울이 얼음판 위에서 다시 언다. 그러면 꺼끌꺼끌한 면이 생긴다. 적당한 마찰력이 있어야 빗질을 하는 스위퍼의 역할이 생기는 것이다. 스톤이 지나가는 얼음판을 거칠게 하면 스톤의 속도가 서서히 줄어든다. 이때 스위핑을 열심히 하면 빙판의 거친 면이 녹으면서 유막을 형성한다. 그러면 스톤이 잘 미끄러져서 더 멀리까지 날아갈 수 있는 것이다.

스톤은 얼음의 거친 바닥과 마찰하며 움직인다. 하지만 이때 굴러가는 스톤 앞에서 열심히 스위핑을 하면 얼음이 순간적으로 녹아서 마찰이 줄고 이동하는 거리가 늘어난다.

한편 스톤의 무게중심에서 좌측과 우측의 마찰 면이 다른 경우를 생각해 보자. 마찰 면이 큰 쪽에서는 속도를 느리게 하고, 마찰 면이 작은 쪽은 더 빠르게 나아간다. 그러면 얼음판의 매끄러운 면에서 거친 면으로 회전운동을 일으킨다. 스톤이 지나가는 면의 한쪽만 스위핑을 하면 스톤의 좌우에 걸리는 마찰력의 크기가 달라 회전이 걸린다. 회전하는 스톤은 충돌할 때 스핀 없이 운동하던 스톤과 달리 충돌하는 두 스톤의 운동을 미세하게 조정할 수 있다.

스톤이 나아가는 방향까지도 마찰력을 통해 바꿀 수 있는 것이 컬링의 재미라 할 수 있다. 다양한 변수를 염두에 두고 전략을 짜야 하기에 진정 얼음판 위의 체스라 할 만하다.

토성이나 명왕성과 같이 우주의 먼 곳으로 우주선을 보낼 때 지구의 과학자들은 마치 스톤을 어떻게 보내야 할지 이리저리 머리를 굴리는 컬링 선수와 같다. 우주선의 속도와 방향을 통해 정확한 시각과 위치에 우주선이 도달하도록 계산한다. 지구에서 멀어짐에 따라 약해지는 중력의 효과도 계산하고, 달이나 화성 같은 여러 소행성 등을 지나면서 받는 중력도 우주선의 진행 경로를 계산하는 데 넣는다. 물론 예기치 못한 상황에 대응할 수 있도록 연료를 남겨 뒀다가 이동 경로를 가끔씩 통제할 수도 있다. 이는 던진 스톤을 스위핑해서 방향이나 속도를 조절하는 것과 같다.

운동 상태를 유지하려는 관성, 관성의 정도를 속도와 곱한 운동량, 그리고 힘에 의한 운동 방향과 빠르기의 변화. 이런 요소들로 물체의 운동을 깔끔하게 예측할 수 있다. 이를 가능케 한 법칙을 발견해 낸 뉴턴은 정말 대단하다.

체육 시간에
에너지는 필수!

✖

모든 활동의 원천, 에너지

체육 시간이 시작되면 어김없이 친구들과 줄을 맞춰
운동장을 뛴다. 그런데 이런! 배가 당기는 것을 보니,
점심을 너무 많이 먹었나 보다. 오늘은 매점에서 과자와
아이스크림까지 사 먹어서 더 몸이 무겁다. 조금만
더 적게 먹을걸 하는 생각도 들지만, 이미 늦었다.
발걸음이 쉽게 떼어지지 않지만 간신히 숨을 고르며
한 바퀴를 다 돈다. 오늘 먹은 것을 모두 소화하려면
몇 바퀴는 더 뛰어야 할 것 같다. 그렇다고 아무것도
먹지 않고 운동을 하면 기력이 부족해 쓰러지기 쉽다.
몸을 움직이는 활동에 에너지는 필수다.

에너지란 무엇인가? 이런 질문에 흔히 사람들은 "에너지는 힘이에요", "에너지는 일이에요"라고 답한다. 차를 움직이거나 난방에 사용되는 석유 등 연료를 두고 에너지 전쟁이라는 말도 종종 사용한다. 핵발전소는 지역 주민의 반대에 부딪히면서도 여러 일에 사용할 수 있는 에너지를 생산하기에 지금까지 운영된다. 생명뿐 아니라 인간이 살아가는 세상에도 에너지는 중요한 요소로 작용한다. 에너지, 힘, 일은 일상생활에서는 특별히 구분하지 않고 쓴다. 하지만 물리학에서 보면 엄격히 서로 다른 개념들이다.

과학에서 에너지는 '일을 할 수 있는 능력'으로 정의한다. 여기에서 일이란 일상생활에서의 넓은 뜻과는 다르다. 일상에서는 인간이 무엇을 이루기 위해 하는 정신적 활동과 육체적 활동을 모두 일이라고 하지만, 과학에서는 물체에 힘을 가해 물체가 힘의 방향으로 이동한 경우에만 일을 했다고 한다. 그러므로 "에너지를 다 써서 더는 일을 못 하겠어"라는 말이 정확한 표현이다.

물체를 들 때는 중력에 대해 일을 하게 된다. 중력이 없는 우주 공간이라면 무거운 물체를 들기 위해서 일을 하지 않아도 된다. 혹시라도 일을 한다면 그건 물체를 들어 올리는 일이라기보다 물체의 움직임에 대한 일, 즉 운동에너지를 주는 과정이 될 것이다.

물체를 드는 것은 중력에 대해 일을 한 것이다. 따라서 역기는 중력에 대해 에너지를 가지게 된다. 이를 중력에 의한 위치에너지라고 한다. 들었던 물체를 놓으면 중력은 바로 일을 한다. 중력에 의해 물체는 다시 지면으로 이동한다. 그러면 이때의 일은 어디로 갈까? 우선 위치에너지가 줄어드는 순간순간 운동에너지로 바뀌며 속력이 증가하다가 바닥에 닿는 순간 운동에너지의 일부가 다시 역기의 탄성에너지로 변환된다. 마지막에는 바닥에 부딪히면서 열과 소리 에너지로 변환된다. 열과 소리도 어떤 면에서는 분자들이 충돌을 통해 일을 하는 운동에너지와 공기 분자의 진동에너지로 생각할 수 있다. 즉 분자 수준의 일로 볼 수 있다. 이렇듯 에너지는 물체를 이동시키는 일의 원동력이 되고 다른 종류의 에너지로 바뀌면서 존재를 드러낸다.

다양한 형태의 에너지

탄성에너지란 탄성력에 저장된 에너지다. 탄성력이란 원래 상태로 돌아가려는 힘이다. 이 에너지는 원래 상태로 돌아가려는 힘에 의해 일을 할 수 있다. 양궁은 나무나 플라스틱 같은 물체를 휘면 다시 펴지려는 복원력, 즉 탄성에너지를 이용해 활을 쏘는 스포츠다. 아치 모양의 나무 양 끝에 홈을 파고 두 가장자리 사이를 줄로 이으면 나무가 어느 정도 휘어진 상태의 활이 된다. 활시위를 당기면 나무는 더 휘어지고 탄성력을 저장한다. 이때 궁수가 잡아당기는 힘과 탄성력의 크기가 같아서 형태를 유지하고 있지만 활시위를 놓는 순간 활의 몸체에 저장된 탄성에너지가 탄성력에 의해 원래 상태로 돌아가면서 일을 하게 된다. 외부 힘으로 변형되더라도 원래 상태로 돌아가는 물체도 있다. 예를 들면 고무줄이나 스프링이 그렇다. 그러나 이런 복원력에도 한계가 있다. 탄성을 가진 물체라 하더라도 버틸 수 없을 만큼의 힘이 가해지면 탄성력을 잃어버리거나 부러져 버린다. 용수철을 세게 당겨서 더 늘어날수록 더 큰 복원력이 작용한다. 그런데 용수철이 펴질 때까지 잡아당기면 더 이상 돌아오지 않고 철사가 변형되는데, 이는 탄성을 유지할 수 있는 힘의 한계인 탄성한계를 벗어났기 때문이다. 고무줄은 탄성한계를 넘는 힘을 가하면 끊어지고 만다.

전기에너지는 전기력이 작용해 일을 하게 되고, 화학에너지는 화학 물질 사이의 결합력을 통해 일을 하게 된다. 운동에너지는 운동 상태를 유지하려는 관성에 대해 가한 힘이 하는 일이다. 운동 상태의 물체가 다른 물체에 부딪치면 그 물체의 관성에 대해 힘을 주며 일을 할 수 있다. 중력, 탄성력 같이 어떠한 힘으로 일을 할 수 있는가에 따라 중력, 탄성 에너지 같은 에너지의 종류가 결정된다. 중력에 대해, 탄성력에 대해 일을 하는 경우 각각 중력에너지, 탄성에너지로 한 일이 저장된다.

우리가 사용하는 에너지는 다양한 형태의 쓸모 있는 에너지로 전환되지 못하고 최종적으로는 열에너지로 변환된다. 한편 열에너지도 미시 세계에서 바라보면 물체 표면의 분자 또는 원자나 공기 분자의 운동에너지다.

먹고 자는 것도 모두 에너지 덕분

에너지를 쓰는 것은 체육 시간뿐만이 아니다. 우리는 늘 움직이면서 에너지를 쓴다. 별로 움직이지 않을 때도 마찬가지다. 가만히 생각을 하는 것, 잠자면서 코를 고는 것도 모두 에너지가 있기에 가능하다. 즉 살아 있다는 것은 에너지를 쓸 수 있다는 것이다.

모든 생명체에는 에너지를 얻고 쓰는 시스템이 있다. 식물은 광합성을 통해 태양의 에너지를 화학에너지로 바꾸고, 이 에너지를 이용해 꽃을 피우고 성장한다. 사람은 스스로 에너지를 만들지는 못하지만 식물이나 다른 동물을 먹어 에너지를 흡수한다.

에너지를 쓰기 위해서는 특정한 조건이 필요하다. 장작에 불이 저절로 붙지는 않는다. 불을 붙여 줄 장치와 불을 유지하기 위해서 장작과 반응할 산소를 계속 공급해야 한다. 인간의 몸도 에너지를 사용하기 위해서는 영양분을 세포로 흡수될 크기로 분해해야 하고 산소를 공급해야 한다. 그리고 세포 내에서 에너지를 만들어 내는 미토콘드리아로 영양분을 보내야 한다. 그러기 위해서 소화계,

호흡계, 순환계가 온전하게 작동해야 한다. 즉 먹지 않거나 숨을 쉬지 않거나 혈액이 온몸으로 돌지 않으면, 살 수 없다.

우리 몸에는 이런 기능을 위한 여러 기관이 있다. 소화하기 위해 입, 식도, 위, 소장, 대장, 십이지장, 이자, 간 등의 장기가 있고 산소를 받아들이는 코, 기관지, 폐 등이 있다. 그리고 소화된 에너지원과 산소를 우리 몸 곳곳으로 날라 주는 심장과 혈관이 있다. 이런 장기 중 어느 곳이라도 문제가 생기면 우리 몸의 에너지 공급 시스템에 이상이 생긴다. 세포 하나하나가 살아갈 수 있는 에너지가 공급되지 않으면 질환이 생기거나 심한 경우에는 사망에 이른다. 우리가 알고 있는 질병은 대부분 이런 에너지 사용을 위한 시스템에 문제가 생겨 생기는 것이다. 복잡한 장기가 필요 없으면 좋겠지만, 우리 몸에 이렇게 다양한 장기가 존재해야 하는 이유는 에너지를 사용하기 위해서다. 생명과 에너지가 얼마나 밀접한 관계인지 다시 생각하게 한다.

에너지를 흡수하고 사용하기 위한 장치는 진화를 거듭했고, 그 결과 신경계와 근육계 등의 부차적 기관도 생겼다. 이들은 더욱 정밀하게 움직임을 제어하기 위한 장치다. 어쩌면 인간의 몸은 에너지를 효율적으로 쓰기 위해서라는 단 하나의 목적으로 진화했는지도 모른다.

진짜 사람 같은
밀랍 인형이 있다고?

중국 홍콩에 있는 마담투소Madame Tussauds는 밀랍 인형을 전시한 박물관이다. 이곳에서는 배우, 가수 등의 연예인부터 스포츠 선수, 정치인, 기업가 등 세계적인 유명 인사를 본떠 만든 밀랍 인형들을 만날 수 있다. 한류 열풍의 주역인 배우 김수현, 수지, 이종석, 가수 동방신기, 슈퍼주니어 등 우리나라 연예인들의 밀랍 인형도 있다.

밀랍 인형은 마치 복제 인간처럼 여겨질 만큼 실제 인물과 꼭 닮았다. 그렇지만 우리는 밀랍인형이 실제 인물과는 다르다는 사실을 당연히 안다. 시시각각 움직이고 표정이 변하는 인간과 달리 밀랍 인형은 그저 사람의 모습을 하고 있을 뿐이다. 표정의 변화는 물론 작은 미동조차 찾을 수 없다.

그런데 밀랍 인형이 움직인다면 어떨까? 일본 오사카대학교의 이시구로 히로시 교수는 마담투소의 밀랍 인형처럼 자신과 똑같이 생긴 로봇을 만들었다. 이 로봇은 전원을 켜면 마치 사람처럼 움직인다. 히로시 교수는 자신의 분신을 데리고 다니며 실험도 하고 언론과 인터뷰도 한다. 움직임이 아직 어색하지만, 언젠가 기술이 더 발달하면 인간과 구분이 안갈 정도로 자연스럽게 움직일 것이다. 그렇다면 이때 로봇을 생명체와 구분

할 수 있을까? 주 에너지원으로 전기에너지를 사용한다는 점을 제외하면 생명체와 크게 다를 바 없지 않을까?

히로시 교수가 만든 로봇의 사례에서 우리는 생체 에너지든 전기에너지든 에너지가 있으면 물체가 살아 움직일 수 있음을 알 수 있다. 즉 에너지는 운동의 원동력이다.

인간의 몸도 단백질 분자들이 정교하게 맞물려 돌아가는 생체 기계다. 게다가 인공지능이 인간과 기계의 구분이 불가능하게 만들고 있으니 언젠가는 사람들 사이에 로봇이 섞여 살지도 모르겠다. 그게 가능한 이유는 로봇들도 인간처럼 에너지를 쓸 수 있을 것이기 때문이다.

4. 힘의 분해와 합성

작은 힘으로도 괴력을

태권도에는 날카로운 무기도 단단한 갑옷도 없지만, 파워
넘치는 맨주먹은 상대의 기선을 제압하기에 충분하다.
온 세상의 힘을 주먹 하나에 끌어모으는 비법이 있을까?
폼 나는 주먹 지르기와 발차기, 갖고 싶다.

이것만 알면
나도 발차기 왕

✖

내력과 외력

"얍! 얍!" 태권도장에서는 언제나 우렁찬 기합 소리를
들을 수 있다.

오늘은 겨루기를 하는 날이다. 상대는 태권도를 시작한
지 얼마 되지 않았다지만 덩치를 보니 근처에만
다가와도 겁이 난다. 어디를 어떻게 공격해야 할까?
조바심을 억누르고 기합을 넣으면서 주먹 지르기를
한다. 상대는 내가 작다고 방심하고 있었는지 우렁찬
기합 소리에 깜짝 놀라는 것 같다. '이 친구는 운동을
좀 하는군. 깔보면 안 되겠다'라고 생각하는 표정이
보인다. 이렇게 상대가 주춤한 사이에 한 발 내딛으며
힘차게 팔을 뻗었다. 주먹 지르기와 돌려차기로 덩치
큰 상대를 제압했다. 작은 내 몸에서 어떻게 이런 힘이
나왔을까?

적에게서 나를 보호하기 위한 운동이 태권도라지만 자신을 보호하기 위해서는 때로 공격도 필요하다.

태권도에서 주먹 지르기는 무작정 팔을 내뻗는 것이 아니다. 더욱 힘차게 상대를 제압하려면 정확한 자세는 물론 절도 있는 동작이 필요하다. 앞에 있는 적을 공격하기 위해 기본적으로 할 수 있는 주먹 공격은 몸통 바로지르기다. 왼발을 앞으로 내밀어 굽히면서 몸의 중심을 이동한다. 그리고 왼팔은 뒤로 젖히면서 오른팔을 힘껏 뻗는다. 앞으로 나가서 주먹만 뻗으면 될 것 같은데 왜 쓸데없어 보이는 동작들을 함께 할까? 멋지게 보이려고 필요 없는 동작을 하는 것일까?

상대에게 더 다가가기 위해서는 우선 몸을 앞으로 밀어야 한다. 왼발을 뻗는 이유는 지축을 힘차게 차기 위해서다. 땅을 밀고 앞으로 나가는 것이라 지구와 몸의 상호작용이 나타난다. 지표면과 마찰해 받는 힘이 외부와의 상호작용을 뜻하는 외력外力이다. 한편, 오른발을 뒤로 뻗기 위해 왼발을 앞으로 뻗어주는 몸 내부의 작용·반작용도 나타난다. 이렇게 내부에서 작용하는 힘을 내력內力이라고 부른다. 오른팔을 힘차게 뻗기 위해 오른쪽 허리를 앞으로 밀며 오른팔을 뒤로 당긴다. 상대에 가격하는 순간 뒤에서부터 힘을 쭉 전달하기 위해 팔을 뒤로 빼는 것이다. 왼팔을 살짝 뻗어 주는 것도 나중에 오른팔을 뻗을 때 도움이 된다. 이제 앞으로 나가는 힘을 오른팔에 실어 주기 위해 팔을 뒤에서부터 앞쪽으로 밀어 준다. 미는 힘충격량을 오래 지속할수록 팔에 가해지는 속도운동량는 더 커질 것이다. 오른팔에 더 큰 힘을 보태려면 아까 뻗었던 왼팔을 뒤로 젖혀야 한다. 힘껏 젖힐수록 오른팔은 더 강하게 뻗을 수 있다. 왼팔과 왼쪽 어깨를 뒤로 빼는 반작용으로 오른팔에 힘을 더 낼 수 있기 때문이다. 이런 복잡한 힘들이 몸에서 작용하면서 강한 주먹 지르기를 완성한다.

이처럼 우리 육체가 지면 위에서 운동하기 위해서는 내부육체 내부에서의 상호작용뿐만이 아니라 외부주변 환경와의 상호작용이 필요하다. 그리고 가장 흔히 접하는 외부의 힘이 마찰력이다. 땅에 힘을 주고 그 힘으로 운동의 원동력을 얻는 것이다. 우리나라의 전통 무술 태권도도 이런 과학적 원리를 잘 이용하는 격조 높은 운동이다.

태권도의 운동량 보존

작용·반작용이 동시에 나타나는 우리 몸에서 운동의 효과도 확인해볼 수 있다. 주먹 지르기 동작에서 일어나는 작용·반작용은 오른발로 지면을 미는 힘을 제외하면 모두 몸 안에서 작용하는 힘이다. 이 힘이 우리 몸을 이동시킬 수 있을까? 지면과의 상호작용인 마찰이 없다면 힘은 앞뒤로 동시에 나타나므로 질량의 중심은 그대로 남을 수밖에 없다. 무거운 어깨가 앞으로 나올 때는 가벼운 팔은 빠르게 뒤로 감을 수 있다. 같은 힘에도 질량이 크다면 속도의 변화가 적기 때문이다. 이러한 질량의 영향을 고려한 것이 운동량이다. 앞으로 나가는 운동량만큼 뒤로도 운동량이 만들어지므로 운동량의 변화는 없다. 운동량이 보존되므로 우리 몸은 힘을 줄 때나 안 줄 때나 이동하지 않는다. 즉 운동량 보존 법칙에 따른 것이다. 여기에 지구와의 상호작용오른발이 지면을 마찰력으로 밀어 주는 과정이 없다면 우리 몸은 제자리에서 팔다리를 앞뒤로 뻗는 행동밖에 할 수 없을 것이다. 그러나 지구와 내 몸을 별개로 보자. 지구를 뒤로 밀어 주면 그 반작용으로 내 몸을 앞으로 이동시킬 수 있다. 정리하자면, 내 몸 내부에서 일어나는 상호작용에서는 운동량이 보존되나 내 몸과 외부에서 일어나는 상호작용은 내 몸에 가해지는 충격량으로 해석되어 운동량을 변화시킬 수 있다.

힘의 함정

힘은 항상 동시에 나타난다. 힘을 준다거나 받는다는 것 자체가 의미가 없다. 힘을 주기 위해 손을 뻗으면 그에 대한 반작용으로 몸이 뒤로 밀린다. 그래서 우주 공간에서는 손을 뻗으면 몸이 뒤로 밀린다. 우주가 아니라 마찰이 없는 미끄럼판 위에서도 마찬가지지만, 보통 지구 위에서라면 몸이 뒤로 밀리는 힘으로 지구를 뒤로 밀고 그 힘의 반작용으로 몸이 밀리지 않는다. 그래서 제자리에 있게 된다.

손을 뻗기만 할 때는 팔과 팔을 제외한 부분 사이에 작용·반작용이 생긴다. 어떤 물체에 손이 닿아서 그 물체에 힘을 주면 그 반작용으로 아프다고 느끼는 물체로부터의 충격을 받게 된다.

이렇듯 힘이 발생할 때는 그에 따르는 반작용이 동시에 나타난다.

비행기를 날아가게 하는 작용·반작용

작용·반작용의 원리를 이용해 에너지를 쓰는 사례는 태권도와 같은 무술에서만 나타나는 게 아니다. 폭발하는 물체를 상상해 보자. 한 덩어리였던 물체가 분리되면서 서로 반대 방향으로 밀치는 힘을 받으며 서로 멀어진다. 질량이 큰 조각이나 작은 조각이나 같은 힘을 받지만 질량이 큰 물체는 관성이 크기 때문에 느린 속도로, 질량이 적은 물체는 관성이 작기 때문에 빠른 속도로 멀어진다. 떨어져 나간 전체 물체의 질량중심을 보면 폭발 전이나 후에 제자리에 있지만 조각들은 서로가 반대로 멀어져 나간다.

이런 운동량을 구체적인 수치로 생각해 보자. 10킬로그램의 물체와 1킬로그램의 물체 사이에 힘이 작용해 각각 100뉴턴의 힘을 0.1초 동안 받았다고 해보자. 10킬로그램의 물체는 $10N \cdot s^{100N \cdot 01s}$

만큼의 충격량을 왼쪽 방향으로 받게 되고 1킬로그램의 물체는 같은 크기의 충격량을 오른쪽으로 받게 된다. 즉 10킬로그램의 물체는 $10kg \cdot m/s$의 운동량으로 변하고 1킬로그램의 물체는 $-1kg \cdot 10m/s$의 운동량으로 바뀐다. 따라서 두 물체를 하나의 물체로 생각한다면 운동량이 0인 상태가 된다. 즉 질량의 중심은 제자리에 계속 있다. 한쪽이 힘을 받아 움직이면 반작용에 의해 다른 쪽도 힘을 받아 움직이는데 두 물체 사이에 상호작용으로 발생한 힘은 같은 크기, 반대 방향으로 받게 되고, 질량이 다르면 질량에 반비례하는 만큼의 속도의 변화를 가져온다. 그래서 가벼운 물체는 빨리 날아가고 무거운 물체는 천천히 날아간다. 즉 10킬로그램의 물체는 왼쪽으로 초속 1미터로 날아가고, 1킬로그램의 물체는 오른쪽으로 초속 10미터로 날아간다.

하지만 운동의 정도를 나타내는 운동량의 변화로 보면 같은 크기의 힘을 같은 시간동안 받는 것이다. 두 물체의 운동량 변화는 같지만 방향이 반대이기 때문에 두 운동량의 합은 0이 된다. 분리된 두 물체의 질량중심은 폭발 전이나 폭발 후에 변화가 없다.

내부의 힘에 의해 하나의 물체가 분리되는 경우 운동량은 변화가 없지만, 서로 다른 운동을 하던 두 물체가 충돌해 하나가 될 때에도 각각의 물체가 가진 운동량의 합과 하나로 바뀐 물체의 운동량은 같다. 충돌할 때 서로가 서로에게 힘을 같은 시간 동안 주므로 서로 다른 물체에 가해지는 충격량은 같고 방향은 반대가 된다.

그래서 두 물체의 질량중심이 가지는 운동에는 충돌 전이나 충돌 후 변화가 없다.

지구 대기권에서 날아다니는 비행기는 공기의 힘을 이용해 하늘을 날 수 있지만 공기가 없는 대기권 밖에서는 비행기가 날 수 없다. 대신 지구 중력으로부터 벗어나기 위해서 빠른 속도로 중력이 작용하는 방향으로 물체를 던져 주면 지구를 벗어날 수 있는 속도를 얻을 수 있다. 엄청난 비행체를 지구로 벗어나게 하기 위해서 비행체는 아주 빠른 속도로 질량을 버린다. 빠른 속도를 내기 위해 연료를 점화하고 뒤로 밀어내는 추진력으로 비행체는 지구를 벗어날 수 있다. 이때도 연료와 비행체의 질량중심은 지구 내부에 붙어 있다.

통쾌한 엎어치기,
어렵지 않아

✖

힘의 3요소

"야, 너 돈 있으면 내놔!"

친구와 한산한 거리를 걸어가고 있는데, 웬 덩치 큰
고등학생이 와서 돈을 뺏으려고 한다. 맘 같아서는
재빨리 쓰러트리고 도망가고 싶지만, 나보다 힘이
세다면 괜히 덤볐다가 열심히 두드려 맞고 돈은 돈대로
뺏길 것 같다. 우물쭈물하던 찰나에 옆에 있던 친구가
고등학생의 옷을 잡더니 눈 깜짝할 사이에 넘어뜨렸다.
그리고 "야, 뛰어!"라고 외친다.

사람이 많은 곳으로 죽도록 뛰어간 후 생각에 잠겼다.
키도 몸도 평범한 내 친구는 어떻게 덩치 큰 고등학생을
순식간에 넘어뜨린 걸까?

엎어치기에는 회전의 과학이 담겨 있다. 상대를 몸을 들거나 미는 것은 힘들더라도 질량중심으로부터 멀리에서 힘을 작용하면 약한 힘으로도 회전을 시킬 수 있다. 사람은 두 발로 중심을 잡으며 서 있는 존재라는 것을 생각했을 때 중심을 흐트러뜨려서 쓰러트리면 그 상태에서는 다시 일어서서 중심을 잡을 때까지 지면을 이동할 수 없다. 회전력을 높이면 지면의 충격으로 타격까지 가할 수 있다.

어떻게 하면 나보다 무거운 상대를 쓰러트릴 수 있을까? 힘의 3요소를 잘 활용하면 충분히 가능하다.

힘의 3요소에는 힘의 크기, 방향 그리고 작용점이 있다.

힘은 어떻게 사용하는가에 따라 유용하거나 이로울 수도 있고 그렇지 않을 수도 있다. 몸을 역동적으로 잘 움직일 수 있고, 근육에 힘을 어떻게 가하는가에 따라 근육을 이완시켜 혈액순환을 가져오고 건강한 몸을 유지할 수 있다. 하지만 힘을 자칫 잘못 사용하면 뼈를 골절시키거나 피부를 멍들게 할 수도 있고 다른 사람을 해하는 데도 쓰일 수 있다. 같은 힘을 가지고 같은 대상에 작용하더라도 힘의 효과는 달라질 수 있다.

힘에는 이처럼 두 얼굴이 있고 나타나는 과정도 복잡하다. 그러

✖ 힘의 3요소

1. 힘의 크기

힘이 클수록 빠르기나 운동 방향의 변화가 커진다.

2. 힘의 방향

힘이 어느 방향으로 작용하는가에 따라 운동의 변화가 달라진다. 빨라질 수도 있고 느려질 수도 있다. 그리고 방향만 바뀔 수도 있고, 빠르기와 방향이 동시에 바뀌는 경우도 있다.

3. 힘의 작용점

같은 크기와 방향이라 하더라도 작용하는 지점이 달라지면 물체는 회전 운동을 같이 하게 된다. 질량중심에 정확히 힘이 가해지면 물체는 회전 없는 병진운동을 하게 되지만 중심에서 벗어나는 순간 회전력이 생긴다.

나 과학 시간에는 힘의 효과를 최대한 단순하게 다룰 때가 많다. 물체의 크기를 무시하고, 힘이 항상 한가운데에 작용해 회전력이 생기지 않으며 공기는 없는 것처럼 생각하기도 한다. 실재의 세계에 물리법칙을 적용하기 위해서는 고려해야 할 점이 많다. 보통 물체는 단순한 점이 아니라 형체가 있기 때문이다.

유도와 씨름은 상대를 들어서 균형을 잃게 한 뒤에 땅에 떨어뜨리면 되겠지만 단순한 문제는 아니다. 그러려면 상대를 들 수 있는 힘이 필요하다. 작은 힘으로 상대를 쓰러뜨리는 비법은 바로 힘의 작용점을 적절히 찾는 기술이다. 작은 힘으로도 큰 회전력을 가해 상대를 쓰러트릴 수 있다.

지레의 원리처럼 힘을 받을 위치작용점가 받침점회전축에 가까이 있을수록 멀리서 힘을 가하는 것보다 큰 힘을 가할 수 있다. 병을 딸 때 병따개가 회전축에 가까이 있으면 작용점이 힘점과 멀어져 작은 힘으로 병뚜껑에 큰 힘을 가하는 것처럼 말이다.

팽팽한 줄다리기의
결말은?

✖

힘의 합성

기다리던 가을 운동회가 열린 날, 줄다리기 경기가
펼쳐진다. 양측의 신경전부터 벌써 엄청나다. 시작을
알리는 총소리가 울리자 엄청난 기세로 우르르 힘을
모아 줄을 당긴다. 소 몇 마리쯤은 쉽게 던져 버릴 것
같다. 동아줄이 엄청나게 팽팽해진다. 그런데 줄이
한참을 제자리에서 움직이지 않으니 어느 쪽으로
움직일지 예측할 수 없어 보는 사람은 손에 땀을
쥐게 된다. 한 사람 한 사람의 힘이 더해져 엄청난
힘이 작용하는 것 같지만, 나 혼자서도 잡아당길 수
있는 동아줄은 꿈쩍도 않는다. 양쪽의 힘이 비슷하게
작용하기 때문이다.

세상에는 딱 네 가지 힘만 작용한다. 우선 질량을 가진 물체 사이에 서로 잡아당기는 힘인 만유인력이 있다. 두 번째로는 플러스 또는 마이너스의 전기를 띤 물체 사이에 작용하는 전자기력이 있다. 그리고 일상에서는 잘 드러나지 않지만 물질을 구성하는 입자 사이에 작용하는 힘인 약력과 강력이 있다. 더 자세히 설명하자면 약력은 원자 핵 내부에서 나타나는 현상으로 양성자가 중성자로, 중성자가 양성자로 바뀌면서 전자를 내놓는 힘이다. 강력은 원자 핵 내부에서 나타나는 힘으로 양성자와 중성자가 핵 내부에 안정적으로 붙들려 있을 수 있도록 잡아당기는 강한 상호작용이다. 두 힘은 물질을 구성하는 가장 작은 단위인 원자 핵 내부에서 일어나는 현상이라 일상생활에서는 그 효과를 느끼거나 활용하기 쉽지 않다.

일상생활에서는 주로 중력과 전기력 때문에 다양한 힘이 나타난다. 보통 우리가 이야기하는 힘들은 힘을 쓰는 과정에서 이름이 붙었다고 생각하면 된다.

세상에는 여러 힘이 동시에 작용해 힘의 효과를 나타낸다. 사실 어떤 물체에 누가 어떤 힘을 각각 작용했는지보다는 최종적으로 그 힘들이 합쳐져 어떻게 되는지가 물체의 운동 효과를 나타낸다.

힘의 합성

그렇다면 줄다리기에서처럼 한쪽에서는 왼쪽으로 힘을 주고 다른 한쪽에서는 반대편인 오른쪽으로 힘을 준다면 물체는 어떤 힘을 받을까? 물론 딱딱하지 않은 물체라면 왼쪽과 오른쪽으로 물체가 늘어날 수도 있다. 하지만 이런 경우는 생각하지 않기로 하자. 딱딱한 정도나 크기를 무시하고 상상해 보자. 그 물체에는 어떤 힘의 효과가 나타날까?

한 가지 실험을 해보자. 세기가 같은 두 자석을 한 줄로 놓고 그 가운데에 작은 쇠구슬을 놓자. 한가운데 있다면 왼쪽에서 잡아당기는 힘과 오른쪽에서 당기는 힘이 같다. 그 결과 이 쇠구슬은 힘을 받지 않는 것과 같은 효과로 작용한다. 만일 쇠구슬을 왼쪽으로 더 가까이 둔다면 왼쪽으로 잡아당기는 힘이 오른쪽으로 당기는

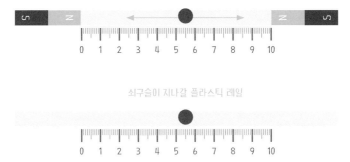

힘보다 커져서 왼쪽으로 끌려간다. 이 효과는 그림으로 설명하면 쉽게 이해된다.

자석의 N극을 오른쪽으로 향하게 한 후 5.5센티미터 떨어진 곳에 쇠구슬을 두면 9뉴턴의 당기는 힘이 작용한다고 하자. 쇠구슬로부터 오른쪽으로 5센티미터 떨어진 쪽에 자석의 N극을 왼쪽을 향하게 하면 쇠구슬은 오른쪽으로 9뉴턴이 작용한다. 두 힘이 동시에 작용해 쇠구슬은 마치 자석이 없었을 때의 효과와 같다.

이번에는 쇠구슬을 왼쪽 좌석으로부터 2.5센티미터 떨어진 곳에 두자. 그러면 왼쪽 좌석으로부터 네 배만큼 더 큰 힘을 받게 되고, 오른쪽 자석으로부터는 9분의 4만큼 힘을 적게 받는다. 최종적으로 쇠구슬은 두 힘의 방향을 고려해 합한 값인 32뉴턴의 힘을 받는다. 이 효과는 2.65센티미터 떨어진 곳에 자석 하나를 가져다 놓은 것과 같다. 쇠구슬에게는 누가 어떤 힘을 가했는가보다 최종적으로 얼마의 힘을 어디로 가했는지만 물체의 운동에 영향을 미친다.

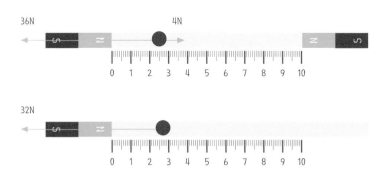

위 그림에서 두 힘의 효과는 같다.

다시 줄다리기로 돌아와 보자. 한쪽에서 줄을 당기는 만큼 다른 쪽에서는 반작용을 느끼게 된다. 만약 상대편에서 한 명도 당기지 않고 있다면 줄이 당겨지는 저항감을 반작용으로 느끼면서 몸이 뒤로 휙 넘어질 것이다. 땅을 미는 힘의 반작용으로 사람이 뒤쪽으로 가속하는데힘을 효과적으로 주기 위해 대부분 발을 땅에서 움직이지 않으려 하며 지구를 미는 반작용으로 줄을 당긴다. 줄을 당기는 저항만큼의 반작용으로 뒤로 가속하는 것을 줄여 준다.

하지만 상대방도 같이 줄을 당기고 있다면 줄에 대한 우리 팀의 총 힘과 상대팀이 당기는 힘이 합쳐져서 힘의 총합은 거의 0에 가까워진다. 두 팀이 가지는 질량에 비해 힘의 효과는 보잘것없다. 줄의 무게는 가벼워서 상대편이 당기는 힘에 비해 상대적으로 무시할 만하다. 그래서 어느 팀이 더 세게 당기는지 알려 주며 줄에 작용하는 전체 힘의 합이 큰 방향으로 줄이 이동한다.

힘은 어느 방향을 작용하는가가 중요하기에 힘의 방향을 1차원에서는 +, -로 표기하고 2차원에서는 x방향, y방향을 나눈 후 +, -로 표기한다. 좌우로만 움직이는 줄다리기에서는 방향을 고려한 두 힘의 합이 +인가 -인가에 따라 오른쪽으로 이동하는지 왼쪽으로 이동하는지 말할 수 있다.

인라인스케이트의 핵심은 V자 걸음

✖

힘의 분해

평소 걷는 동작은 숨 쉬듯 자연스럽다. 굳이 걸음걸이를
하나하나 쪼개어 보면 이렇다. 몸을 앞으로 살짝
기울인 채 발로 바닥을 밀친다. 그 다음 몸의 중심을
앞으로 한 상태에서 앞으로 넘어지지 않게 다른 발을
뻗어서 중심을 이동하며 걷는다. 그런데 바닥에서
발을 떼지 않고도 움직일 수 있는 방법이 있다.
인라인스케이트를 신었을 때는 다리를 벌렸다 좁혔다
하는 힘만 가했을 뿐인데 마찰력과 미끄러짐을 이용해
앞으로 이동할 수 있다. 그래서 친구들과 주말에
즐기는 인라인스케이트는 스트레스를 확 날려준다.
적은 힘으로도 빠르게 나아갈 수 있는 인라인스케이트,
어떻게 가능할까?

여러 힘이 합쳐져서 최종적으로 하나의 힘이 작용하는 효과가 나타난다면, 힘을 여러 방향의 요소로 분해할 수도 있다. 운동을 복잡하게 만드는 힘에는 마찰력이 있지만 수직항력도 있다. 힘을 받으면 그 방향으로 가속해야 하는데 바닥이 떡 하고 버티고 있어서 그 방향으로 진행할 수 없게 하는 것이다. 그냥 못 가게 하는 것이 아니라 힘을 가하면서 물체에 작용하는 힘을 0으로 바꿔 버리는 것이다. 이것을 바닥이 받쳐 주는 힘, 수직항력이라고 한다.

그렇다면 인라인스케이트는 어떻게 힘차게 앞으로 나가는 힘을 얻는지 생각해 보자. 우선 두 발을 가지런히 한다. 그다음 오른발을 앞으로 내민다. 물론 넘어지지 않고 앞으로 나가기 위해서는 몸의 중심을 앞으로 이동해야 한다. 오른발을 앞으로 내밀고 몸이 나가려는 순간 왼발이 뒤로 빠진다. 이는 어쩔 수 없다. 오른발을 세게 뺄수록 왼발도 빨리 뒤로 빠진다. 사실 몸을 앞으로 빼기 위해서는 신체의 일부가 뒤로 빠지지 않을 수 없다. 몸을 앞으로 빼기 위해 힘을 작용하려면 동시에 뒤로 밀어 주는 반작용이 있어야 하기 때문이다. 결국 앞으로 나가기 위해 앞발을 빼려면 뒷발을 뒤로 밀게 되므로 움직여 봤자 제자리에서 발버둥 치는 꼴밖에 되지 않는다. 여기서 잠시, 평소에 우리가 걷는 방식을 생각해 보자. 우리는 어떻게 앞으로 걸어갈 수 있는 것일까?

우리가 일상에서 걸을 수 있는 이유는 바로 바닥과의 마찰 때문이다. 눈이 많이 와서 바닥이 미끄러울 때는 자전거 바퀴를 굴려도 제자리에서 바퀴만 돌아가는 것을 겪어 봤을 것이다.

인라인스케이트의 바퀴도 마찰을 없애면서 잘 굴러가게 만들어졌다. 앞으로 나가기 위해서는 바닥에 마찰을 일으켜야 한다.

인라인스케이트를 탈 때에는 바퀴 방향으로 힘을 가하면 안 된다. 앞선 설명대로 미끄러져서 앞으로 나가지 않을 것이다. 대신 스케이트를 ∨자 형태로 벌린 후 오른발을 오른쪽으로 밀어 보자. 물론 힘을 주려면 반작용이 필요하므로 왼발을 왼쪽으로 같이 밀어 주면 쉽게 힘이 가해진다. 오른쪽으로 가한 힘은 스케이트의 바퀴 방향으로 작용하는 힘의 성분과 스케이트 바퀴에 수직인 힘의 성분으로 분해될 수 있다. 스케이트 바퀴에 작용하는 힘은 앞으로 점점 가속하게 만들 것이고 스케이트 바퀴에 수직인 힘은 바닥이 미끄러지지 않게 받쳐주므로 그 반작용으로 몸을 앞으로 밀어 준다. 두 발에서 ∨자로 미끄러지는 힘과 몸을 앞으로 밀어 주는 힘을 받으므로 앞으로 나갈 수 있다. 그러면 가랑이가 찢어질 수 있으니 발의 무게를 살짝 뒤로 옮기며 ∧방향으로 발의 오므린 상태에서 안쪽으로 끌어당기면 앞으로 미는 힘을 받으며 대각선 앞으로 미끄러진다. 걸을 때 땅을 밀치고 한 발씩 앞으로 내딛는 것과 달리,

발을 땅에 붙이고도 땅을 밀치는 힘과 미끄러지는 것을 적절히 사용해 앞으로 이동한다.

인라인스케이트를 신고 8자 모양으로 발을 벌렸다 오므렸다 하며 앞으로 나가는 동작을 아래 그림으로 살펴보자.

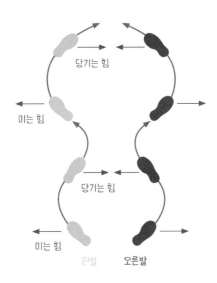

발을 11자로 한 상태로 쪼그리고 앉아서 스케이트를 신은 오른발을 바깥으로 밀어 보자. 오른발도 일자라면 이렇게 밀어도 앞으로도 뒤로도 나가지 않고 몸이 왼쪽으로 밀려서 넘어질 것이다. 그런데 오른발을 바깥으로 살짝 벌린 상태에서 힘을 주면 바깥으로 밀리면서 왼발이 있는 몸도 같이 앞으로 끌고 간다. 오른발이 바닥에 잘 붙어서 힘껏 민다는 느낌이 들수록 앞으로 더 잘 미끄러져 나간다. 이때 오른발의 방향을 안쪽으로 한 상태에서 밀면 몸이 뒤로 미끄러져 나간다. 오른 다리가 충분히 펴져서 더 이상 밀 수 없다면 당겨서 왼발과 함께 11자로 날을 정렬한다. 마찰이 적어서 앞으로 미끄러져 나가겠지만 바닥과의 마찰력 때문에 속도가 조금씩 줄어들 것이다. 이때 다시 왼발을 바깥으로 살짝 벌린 상태에서 그대로 다리를 밀자. 왼발이 얼음과 밀착해 미는 힘으로 몸과 함께 오른발이 앞으로 미끄러져 나간다. 이 과정을 거듭하면 몸의 중심을 직선으로 유지하면서 스케이트를 탈 수 있다. 조금 더 익숙해진 다면 두 발을 ∨자로 벌리고 오른쪽 다리로 몸을 밀면서 그 힘을 왼쪽 다리에 무게로 실어 미끄러지듯 나가다가 다시 왼쪽 다리를 밀 때 몸의 중심을 오른발 위에 두고 힘을 받음과 동시에 미끄러져 나간다면 빠르게 나갈 수 있다. 무릎을 접어서 타다 보면 몸을 웅크린 자세로 일어서면서 더 세게 바닥을 찰 수 있다.

인라인스케이트로 살펴보는 힘의 분해

작용한 힘이 운동 속도를 가속시키는가 하면 마찰에 의해 움직이지 못하고 힘을 바닥에 전달하는 경우도 있다. 공을 바닥에 떨어트리면 바닥이 공을 반사시키는 것처럼 미는 방향으로 가속되는 것을 막는 또 다른 힘수직항력이 반작용이라는 힘으로 미는 발에 작용한다. 그래서 걸을 때처럼 바닥을 밀면서 나가는 성분이 생기는 것이다. 발을 바깥으로 살짝 벌린 상태에서 옆으로 밀어 주면 그 힘은 스케이트 바퀴의 방향으로 미끄러지는 쪽과 바닥을 미는 방향으로 나뉘어 앞으로 뜰 수도 앞으로 미끄러지며 가속할 수도 있는 성분이 생긴다.

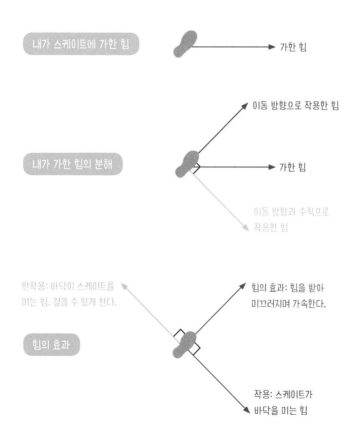

내가 스케이트에 가한 힘

가한 힘

이동 방향으로 작용한 힘

내가 가한 힘의 분해

가한 힘

이동 방향과 수직으로 작용한 힘

반작용: 바닥이 스케이트를 미는 힘. 걸을 수 있게 한다.

힘의 효과: 힘을 받아 미끄러지며 가속한다.

힘의 효과

작용: 스케이트가 바닥을 미는 힘

운동량 보존 법칙을 이용한
롤러스케이트 묘기

스케이트는 날이 길어서 날의 방향으로 직진성을 가지는 만큼 날에 수직으로 힘을 가하면 마찰력을 낼 수 있다. 그런데 자동차 바퀴처럼 네 바퀴가 안정적으로 달린 롤러스케이트는 운동량 보존을 느끼며 다양한 움직임을 만들어 볼 수 있는 또 다른 맛을 가진 운동이다.

지금은 사람들이 인라인스케이트를 주로 타지만 1980년대에는 롤러스케이트가 있었다. 인라인스케이트는 바퀴 네댓 개가 한 줄로 나란히 있어서 직진성이 강하고 레이싱용으로도 적합하다. 한편 롤러스케이트는 네 개의 바퀴가 밑창의 양 옆으로 두 개씩 연결되어 안정적으로 서 있을 수 있는 스케이트다. 롤러스케이트는 달릴 때 안정성과 속도가 떨어지기 때문에 점차 인라인스케이트에 자리를 내주었다. 지금은 노래방, PC방이 대표적인 놀이 공간이지만 당시에는 롤러스케이트장이 친구들과 놀기에 최적의 장소였다. 넓은 실내 공간에 엉거주춤 서서 넘어지지 않으려는 사람들, 자랑하듯 트랙을 도는 학생들, 짐을 맡아 주는 학생과 매점 앞에서 간식을 사려던 사람이 가득했다.

이런 시대적 문화를 반영하듯 롤러스케이트는 뮤지컬 속에 댄스 도구로도 등장했다. 앤드루 로이드 웨버가 제작한 뮤지컬 〈스타라이트 익스

프레스〈Starlight Express〉에서 모든 배우가 롤러스케이트를 타고 공연을 펼친 것이다. 이 뮤지컬은 1984년부터 2002년까지 무려 7,409회 공연한 세기의 흥행작이다. 특히 독일에서는 가장 성공적인 뮤지컬로 꼽히며 1988년에 첫 공연을 시작한 이래 지금까지도 인기리에 공연되고 있다. 좁은 무대 위에서 많은 배우가 나오지만 부딪치지 않고 한결같이 깔끔하게 공연하는 걸 보면 정말 대단해 보이는데 그 속에는 롤러스케이트에 담긴 물리법칙도 한몫한다. 롤러를 통해 바닥과의 마찰을 줄인 배우들은 미끄러지듯이 흘러갈 뿐 발을 앞뒤로 왔다갔다 하면서도 중심을 벗어나지 않고 움직인다. 이는 꼭 우주로 가지 않더라도 운동량 보존의 원리를 체험할 수 있는 동작이다.

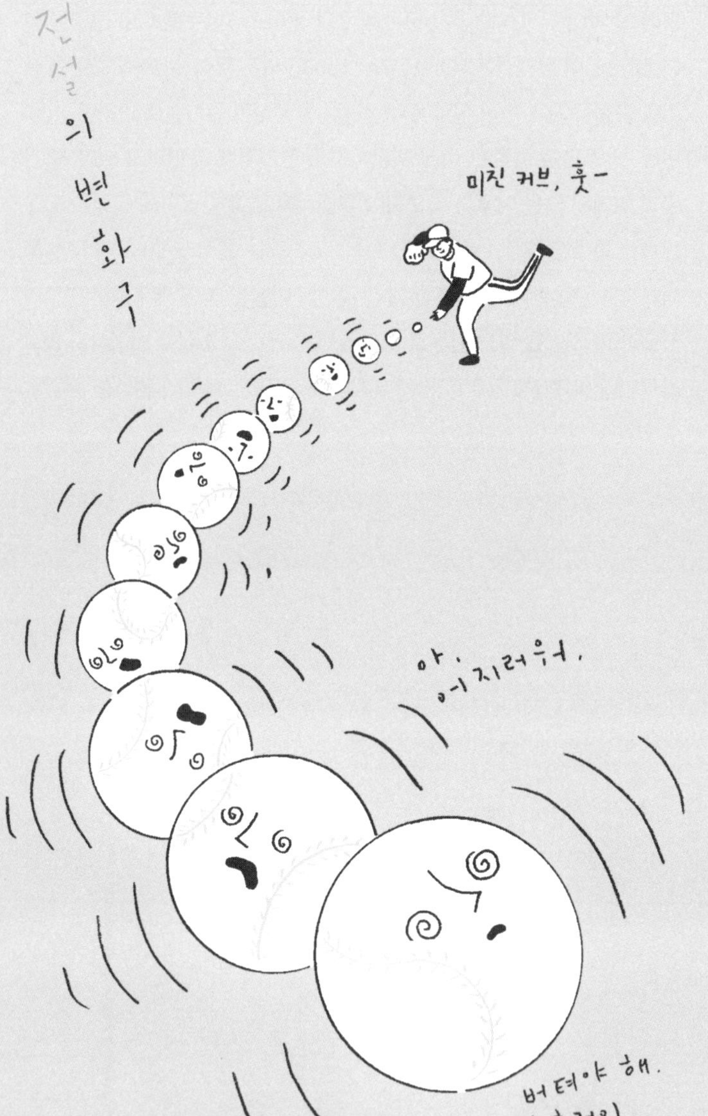

전설의 변화구
미친 커브, 훗-
아.
어지러워.
버텨야 해.
난 회전의
전설이 된다!

5. 힘의 효과

숨겨진 힘을 찾아라

야구공을 던지는 투수들은 화려한 기술을 펼친다. 마법 같은
커브는 대체 어떻게 가능할까? 직선으로 쭉 뻗어 나가던
공이 갑자기 아래로 푹 꺼진다든가, 공의 궤적이 회오리처럼
휘는 건 어찌 된 영문일까? 이건 마법이 아니라 공기의 흐름
이 만들어 내는 과학이다.

UFO처럼 휘어지는
마법 같은 슛

✖

마그누스 효과

1997년 6월 4일, 프랑스월드컵 개막을 1년 앞두고
프랑스와 브라질이 맞붙은 국가대표 축구 평가전.
이 경기에서 축구 역사상 최고의 프리킥 골이 나왔다.
바로 브라질 선수 호베르투 카를루스의 바나나킥이다.
골대 앞에 프랑스 선수들이 촘촘히 서서 인간 장벽을
이루고 있었으나, 공은 엉뚱한 곳으로 날아가는 것
같더니 갑자기 방향을 획 바꿔 바나나처럼 휘어졌다.
그대로 골대를 향해 돌진해 골대를 맞고 그물에
걸렸다. 당시 수문장이었던 프랑스 골키퍼 파비앙
바르테즈는 경기가 끝나고 "마치 비행접시가 날아오는
것 같았다"라고 말했다. 하지만 이는 마법이 아니다.
카를루스가 뛰어난 힘과 기술로 날아가는 공을 휘게
하는 마그누스 효과Magnus effect를 일으켰을 뿐이다.

마그누스 효과란 공기의 흐름이 공의 회전 방향과 같은 쪽에서는 공기의 속도가 빨라져서 압력이 감소하지만 그 반대쪽에서는 공기의 속도가 느려져서 압력이 증가한다는 이론이다. 따라서 압력이 감소하는 쪽으로 공이 휘게 된다. 1852년 독일의 물리학자 구스타프 마그누스가 포탄의 탄도를 연구하면서 발견했다. 사실 마그누스가 태어나기 전에 이미 뉴턴이 케임브리지대학에서 테니스 경기를 보면서 이 현상을 이미 설명했다고 한다.

카를루스의 프리킥 지점은 골대에서 약 37미터 떨어져 있었고,

마그누스 효과

축구공은 초당 초속 10회전에 41.6미터의 속도를 냈다. 축구공이 초당 8~10회 회전한다고 가정할 때 37미터의 거리에서의 슈팅은 직선거리보다 4미터 이상 비켜나면서 골문을 향하게 된다.

마그누스 효과는 비행 물체의 속도, 질량, 주변 공기의 흐름에 따라 달라진다. 축구 종주국 영국은 연구 끝에 정상급 축구선수들이 볼을 차면 마그누스 효과가 9.15미터를 지나서야 나타난다는 것을 발견했다. 축구공이 레이놀즈 수Reynolds number인 초속 29.21미터시속 약108킬로미터를 넘어서면서 축구공 표면 공기층이 난류층을 형성하게 되면 항력이 작아져 축구공의 속도가 비교적 유지되는데, 9.15미터를 지나는 순간 속도가 밑으로 떨어지면 기압차의 영향으로 어느 순간 휘어지게 된다. 그래서 휘기 전까지는 직선운동을 하므로 선수에게 직접 맞았을 때 엄청난 충격이 전달돼 치명적인 부상을 입힐 가능성이 높다. 결국 9.15미터는 선수를 보호하기 위한 최소한의 거리인 셈이다.

야구 변화구의 비법은 실밥에 있다?

야구 투수는 야구공을 던지면서 공을 잡는 방법, 실밥의 방향을 어떻게 하는가에 따라 다양한 커브볼을 만들 수 있다. 그 원리도 역시 마그누스 효과로 알려져 있는데 이 역시 공 주변의 공기 흐름을 변화시키기 때문에 가능하다.

자료: 동아사이언스

포심 패스트볼

일반적으로 말하는
직구다.

공의 궤적

투심 패스트볼

직구와 거의 비슷한
구속에 우타자 몸쪽으로
휘어 들어간다.

서클 체인지업

좌타자 바깥쪽으로
휘면서 떨어진다.

커브

타자 눈높이부터
스트라이크존 밑으로
크게 떨어진다.

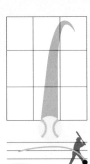

슬라이더

직구처럼 들어오다가
우타자 바깥쪽으로
흘러나간다.

포크볼

직구처럼 들어오다
스트라이크존 밑으로
가라앉는다.

공이 날아가는 방향과 같은 방향으로 공이 회전하는 경우 공기와의 마찰력을 높이면서 공기의 흐름이 늦어진다. 반면 공기의 이동 방향과 같은 방향으로 공이 회전하는 경우에는 공기와의 마찰력이 줄고 공기의 흐름이 상대적으로 빠르다. 따라서 상대적으로 공기 속도가 느린 쪽이 압력이 높아서 공기 속도가 빠르게 흐르는 쪽으로 공기의 압력을 받아 휘게 된다. 운동은 상대적인 것이라 실제로는 공이 움직이고 공기는 가만히 있다가 공기를 가르는 공에 의해 밀쳐지는 것이겠지만 움직이는 공을 중심으로 공기가 상대적으로 움직인다고 해석하고 설명했다. 앞서 설명했듯 운동은 상대적인 것이다. 공을 얼마나 회전시키는가, 어느 방향으로 회전시키는가, 공의 실밥을 어느 쪽으로 하고 던지는가, 얼마나 빠르게 던지는가에 따라 공은 제각각의 모습으로 힘을 받아 경로를 바꾼다.

날아가는 야구공은 중력의 영향을 받지만 공기의 압력으로 공이 위로 떠오르는 신기한 장면을 연출할 수 있다. 시속 140~150킬로미터인 직구에서는 공기의 영향으로 보통 공이 5~20센티미터 정도 원래 궤도보다 아래로 떨어지지만, 시속 169킬로미터의 직구를 던진 메이저리그 투수 어롤디스 채프먼은 아래 방향으로 충분한 회전을 걸어 공 하나의 높이만큼 떠올릴 수도 있다고 한다. 공기역학을 이용해 실밥의 방향과 회전 속도, 회전 방향을 잘 이용하면 손끝에서 떨어진 공에서도 공기의 힘을 받으며 살아 있는 공의 궤적을 만들 수 있는 것이다.

공기가 운동에 저항하는 힘을 가해 물체의 속도를 줄이기만 할 것이라 생각하기 쉽다. 그런데 공기와의 적당한 마찰은 전체적으로 공기의 저항력을 줄이는 역할을 한다. 야구공과 함께 장타를 요구하는 골프공에도 딤플dimple이라는 홈을 만든 이유가 공기와의 마찰을 줄이기 위한 것이다. 매끄러운 표면이 공기 저항을 줄여서 빠르게 움직일 거라는 상상과 달리 속도를 줄이는 저항으로 작용한다. 매끄러운 공의 표면은 주변 공기에 매끄러운 공기 흐름을 만들어 공에서 공기가 신속하게 분리된다. 그래서 공 뒷면에 진공이 생기

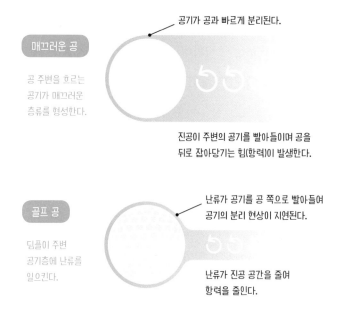

매끄러운 공

공 주변을 흐르는 공기가 매끄러운 층류를 형성한다.

공기가 공과 빠르게 분리된다.

진공이 주변의 공기를 빨아들이며 공을 뒤로 잡아당기는 힘(항력)이 발생한다.

골프 공

딤플이 주변 공기층에 난류를 일으킨다.

난류가 공기를 공 쪽으로 빨아들여 공기의 분리 현상이 지연된다.

난류가 진공 공간을 줄여 항력을 줄인다.

고 공기를 빨아들이는 압력 때문에 날아가는 공을 뒤로 잡아당기는 항력힘이 발생한다. 이와 달리 매끄럽지 않은 딤플 주변에는 공기의 흐름을 깨트리는 난류층의 공기 흐름이 만들어진다. 난류층은 공기를 공 뒤쪽으로도 빨아들여 진공을 만들 공간을 줄이므로 공을 뒤로 당기는 항력의 크기를 줄여 준다.

3점 슛을 쏘려면
황금 각을 찾아라

✖

포물선 운동

"탁, 탁, 탁!"

농구공을 튀기던 선수는 앞에 상대편 선수가 다가오자
갑자기 공을 튀기는 간격을 줄인다. 공을 튀기는
높이를 낮추고 보다 힘껏 공을 튀기며 잽싸게 움직이기
시작한다. 손가락의 스냅을 이용해 이리 저리 방향을
돌려 공을 튀기며 한 선수, 두 선수를 재치더니 슛!
사람들의 함성과 함께 '철썩' 하고 공이 그물망을
시원하게 통과한다.

어쩜 공보다 하나 남짓 더 큰 공간을 멀리서도 쉽게
겨냥해 골을 넣을 수 있을까? 덩치 큰 사람들이 떡
버티고 있는데 공을 어떻게 뺏기지 않고 골대로 다가갈
수 있을까? 몸은 잘 따라가지 않더라도 우선 머리로
농구 잘하는 법을 배워보자.

슛을 성공시키는 황금 각, 45도?

공을 골대를 향해 정확히 던진다 하더라도 쭉 뻗어가는 것이 아니라 포물면을 그리며 떨어진다. 그러다 보니 어느 각도와 세기로 던져야 골대에 정확히 들어갈지 계산할 수 있어야 한다. 물론 중력이라는 익숙한 환경에 있는 우리는 직감적으로 공이 그릴 포물선을 예측할 수 있다. 하지만 손의 감각은 늘 내가 원하는 대로 발휘되지 않는다. 공의 궤적을 정확히 예상하는 것도 어려운데 그 궤적으로 가기 위한 슈팅 각도와 공의 속도까지 가늠하려면 더 복잡하다. 그런데도 오래 연습할수록 순식간에 척척 공을 던져 넣는 감각이 생기는 것을 보면 몸이 머리보다 더 똑똑한 것 같기도 하다.

공의 날아가는 모양은 포물선처럼 큰 궤적을 그릴수도 있고 짧은 직선 경로를 그리며 향할 수도 있다. 물론 각각 장단점이 있다. 짧은 직선 경로로 공을 던지기 위해서는 아주 빠르게 던져야 해서 상대방이 공을 낚아챌 시간적 여유가 사라진다. 반면 공을 높이 던지기 위해서도 공을 세게 던져야 한다. 45도를 기준으로 같은 각도로 위로 던지는 속도와 아래로 던지는 속도는 같다. 위로 던지면 공중에 떠 있는 시간이 길어지면서 공이 앞으로 나가는 시간도 길어지기 때문이다. 같은 속력으로 던진다면 이론상으로는 45도로 던질 때가 가장 멀리 보낼 수 있지만 공기와의 마찰력을 무시할 수 없다. 그래서 살짝 낮은 각도로 던져야 더 멀리 보낼 수 있다.

그렇다면 농구에서도 45도보다 낮은 각도로 공을 던지면 될까? 답은 '노 골!'이다. 원인은 농구 골대의 모양과 관계가 있다. 3.05미터 높이에 수평하게 놓인 농구 골대의 링은 직경이 45센티미터에 이른다. 반면 농구공의 지름은 24센티미터로 두 개의 농구공도 들어갈 수 없는 크기이다. 그것도 위에서 바로 떨어져야 어느 정도 오차가 있어도 골인 할 수 있지 골대와 수평으로 날아가는 공은 골대를 맞고 그대로 튕겨 나온다. 공이 들어가는 공간을 넓게 확보하기 위해서는 공의 체공 시간이 길더라도 높이 던지는 게 유리하다. 농구대의 백판을 맞추면 공이 골대로 들어가는 각도가 커지기 때문에 또한 골의 확률을 높일 수 있다.

마지막으로 백스핀 슛이 있다. 공과 접촉하는 면의 마찰력을 통해 공의 속도를 늦춰 주기 때문에 골대 링을 맞고 튕겨 나갈 확률이 줄어든다.

농구공의 궤적 예측하기

특정 위치에 따라 골대로 공을 보내는 궤적은 정해져 있다. 축구의 바나나킥이나 야구의 커브볼처럼 마구를 부려 공의 이동 방향이 꺾이지 않는 한 처음 던진 속도와 각도에 따라 공의 궤적이 결정되기 때문이다. 그럼 공이 어떤 경로를 거쳐 골대로 가는지, 도착하는데 걸린 시간은 어떻게 되는지 구할 수 있을까?

앞서 설명했듯 공기와의 마찰이 없다면 45도에서 가장 적은 속력으로 멀리 보낼 수 있다. 공이 땅에 떨어지기 전에 목적지까지 보내야 하므로 45도 이하로 갈수록 세게 던져야 하고 45도 이상으로 높이 던질 때에는 높이 떠 있는 대신에 진행 방향으로 이동하는 속력은 줄어든다. 따라서 속력을 높여야 목적지까지 갈 수 있다.

농구공을 던지는 순간 던진 공의 운동 방향과 중력이 작용하는 방향은 일치하지 않는다. 운동 방향으로 힘을 받으면 속력이 증가하고 반대 방향으로 힘을 받으면 속력이 줄어든다고 했는데 포물선 운동에서는 힘의 방향과 운동 방향이 계속 바뀐다. 농구공의 운동을 어떻게 해석해야 할까? 조금 더 단순한 예로 일정한 속도로 굴러가던 공이 낭떠러지를 만나 낙하하는 경우를 생각해 보자. 작용하는 힘은 수직 아래로 일정하게 나타나고, 앞으로 운동하는 공의 방향도 일정하다. 수직항력과 상쇄되던 중력은 낭떠러지를 만나는 순간 공을 아래로 가속시킴과 동시에 운동 방향을 바꾼다. 한 번 운동 방향이 바뀌면 더 이상 운동 방향과 중력의 방향이 일치하지도 수직이지도 않으므로 빠르기와 방향이 같이 변한다. 이런 상황을 어떻게 해석할 수 있을까? 힘을 운동 방향 성분과 운동 방향의 수직 성분으로 나눈 다음 빠르기의 변화와 방향의 변화를 각각 생각해야 한다.

힘을 받는 중력 방향은 속력이 점점 증가하는 자유낙하가 되겠지만, 힘을 받지 않는 방향에서 본 공의 운동은 등속운동이 된다.

이 내용을 조금 활용하면 공의 궤적에 따른 처음 던질 공의 속도와 골에 도착할 때 걸리는 시간도 계산할 수 있다. 다양한 각도로 던져서 공을 골인하기 위해서는 각도에 따라 공의 속도가 다르지만 수직 방향으로 작용하는 공의 속도와 중력가속도에 의한 운동으로 공이 골대 높이에 도달할 때까지 걸리는 시간을 알 수 있다. 그 시간 동안 공은 수평 방향으로 골대까지 가면 되는 것이다. 일정한 속력으로 던진 공이 중력을 받아서 움직이는 모습을 그래프로 표현하면 아래와 같다.

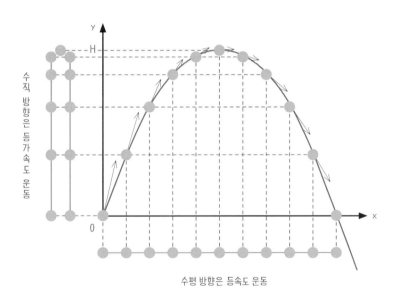

수평 방향은 등속도 운동

힘의 방향 운동과 힘이 작용하지 않는 방향 운동을 합치면 순간 순간의 속력을 알 수 있다.

앞서 크기와 방향이 있는 양으로 벡터를 소개했다. 이동 거리와 대비되는 변위, 속력과 대비되는 속도가 그 예이다. 속도는 힘의 방향에 따라 증가, 감소 또는 운동 방향이 변하는 운동을 하기 때문에 힘이 작용하는 방향의 운동 성분과 힘과 수직으로 작용하는 운동 방향 성분으로 나누어서 생각할 수 있다.

일정한 속력에 수평 방향인 운동 성분에 시간에 따라 힘에 의해 변하는 수직 방향의 운동 성분을 구해서 벡터로 더하면 된다. 2차원, 3차원의 복잡한 문제도 마찬가지다. 힘이 작용하는 운동 성분과 힘이 작용하지 않는 운동 성분으로 나누어 분석하고 벡터로 더하면 복잡한 물체의 운동도 쉽게 해석할 수 있다.

시원한 홈런의 비결은
방망이의 '스윗 스팟'

✖

회전력의 균형

일요일 오후, 가족과 함께 야구 경기를 보러 야구장에
갔다. 야구 선수가 날아오는 공을 세게 맞힌다. 딱! 하는
소리와 함께 기다리던 홈런이 터졌다. 공은 쭉 뻗어
나가고 타자는 야구방망이를 그대로 던지며 베이스를
향해 달려간다. 시원한 홈런만큼이나 타자의 표정도
통쾌하고 호기롭다. 그런데 날아가는 야구방망이의
궤적이 신기하다. 일자로 쭉 뻗으며 날아가지 않고
빙글빙글 회전하면서 날아간다. 방망이에 마법이라도
걸린 것일까? 마치 기분이 좋아서 춤추는 것 같다.

물체를 회전시키는 힘을 회전력이나 토크torque라고 한다. 질량의 중심으로부터 벗어난 곳에 힘을 작용하면 회전력이 작용한다. 보통 힘을 생각하면 질량중심에 힘이 작용해 작용점을 무시한 경우만 이야기하는 경우가 많다. 물체를 질량이 한 곳에 모두 모여 있어 모양이 없는 질점으로 보지 않는다면 이런 효과는 크든, 작아서 무시할 만하든 꼭 나타난다. 하지만 질량중심이 아니더라도 한쪽이 고정되어 움직일 수 없다면 그 축을 중심으로 회전력이 작용한다.

회전력= 회전축에서 거리 X 회전축에 수직으로 작용하는 힘

$$\vec{\tau} = \vec{r} \times \vec{F}$$

긴 작대기가 있고 작대기의 중심을 향해 수직 방향으로 정확히 힘을 가한다면 그 작대기는 힘의 방향을 따라 쭉 날아간다. 하지만 작대기가 쭉 날아가는 모습은 쉽게 볼 수 없을 것이다. 무게가 완전히 대칭이지 않는 이상 무게의 중심을 정확히 찾아 힘을 주는 경우는 드물기 때문이다. 보통 작대기가 날아가는 경우 회전을 동반하는 경우가 많다. 어떻게 해서 회전이 걸리는 것일까? 회전을 한다면 어느 한 점을 중심으로 돌게 된다. 그 중심점이 바로 질량중심이다. 가해지는 힘이 질량중심에서 벗어나면 질량중심을 중심으로 회

전하는 힘이 걸리게 되어 물체는 날아가면서 회전도 같이하게 된다. 물론 질량중심에 가까이 힘이 작용하면 회전이 약하고 질량중심에서 먼 곳에 작용하면 회전이 강하게 걸린다. 앞서 말한 회전력은 거리 곱하기 수직 방향으로 작용하는 힘이어서 같은 회전 효과를 주려면 회전중심 가까이에서는 아주 강한 힘이 작용해야 한다. 대신 작대기에 큰 힘이 작용해 앞으로 날아가는 속도도 빨라진다. 회전의 효과만 보기 위해서는 문짝처럼 회전중심을 축에 고정시켜서 회전을 관찰하면 된다. 같은 회전속도로 날아가는 작대기라도 질량중심이 날아가는 속도는 작용하는 힘의 크기에 따라 달라지므로, 회전속도와 날아가는 속도를 보면 어느 방향으로 힘이 얼마만큼 작용했는지 유추할 수 있다.

에너지를 가장 크게 전달하는 타격의 중심, 스윗 스팟

야구방망이에 공이 맞는 순간을 생각하면 허공의 방망이에 있는 질량중심을 중심으로 거리와 힘의 곱이 양쪽으로 같아야 방망이 자체의 회전을 만들지 않고 직진할 것이다. 한쪽은 방망이 손잡이와 그곳에 힘을 가하는 사람의 힘일 것이고 야구공이 부딪치는 지점이 또 다른 힘의 균형을 만들어야 할 지점이다. 이 지점이 스윗 스팟 sweet spot으로 힘을 야구공에 온전히 전달하기 위한 지점이다. 여기에 공이 맞는 순간 사람 손에는 큰 힘이 들어가지 않고 명쾌한 홈런 소리가 들리면서 공은 쭉 뻗어나간다. 이 지점은 야구방망이를

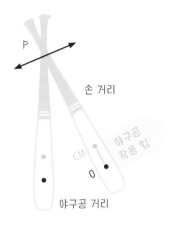

P

손 거리

CM

야구공
작용 힘

O

야구공 거리

어떻게 만드는가와 손잡이의 위치를 어떻게 하는가에 따라 달라진다. 한편 공이 스윗 스팟을 벗어나면 방망이 자체의 회전을 위한 힘이 가해진다. 방망이를 잡는 손에도 힘이 가해져서 효율적인 에너지가 야구공에 가해지지 않는다. 심지어 방망이가 부러질 수도 있다.

위 그림을 보자. 야구공 손잡이는 P, 배트의 질량중심은 CM, 스윗 스팟은 O이다. 야구공이 O 지점에 맞는 순간, CM에서 P까지의 거리와 손을 밀어치는 힘의 회전력이 CM에서 O까지의 거리와 야구공에 가해지는 회전력과 같아진다. 따라서 방망이의 떨림 없이 힘이 야구공에 온전히 전달된다.

회전력을 느낄 수 있는 또 다른 예로 방문을 열 때를 생각할 수 있다. 문짝의 끝은 경첩을 중심으로 회전한다. 그리고 반대쪽 끝에 손잡이가 있어서 문을 열고 싶으면 손잡이를 당기면 된다. 그런데 손잡이가 왜 가장자리에 있는 것일까? 회전축 가까이에 손잡이가 있으면 안 될까? 직접 실험해 보면 회전력의 효과가 다름을 알 수 있다.

만약 손잡이가 안쪽에 있든 바깥쪽에 있든 문을 여는 효과가 같다면 안쪽 손잡이로 조금만 당겨도 문은 활짝 열릴 것이다. 현실은 그렇지 않다. 물리법칙에 따른 일의 효과는 동일하다. 안쪽 손잡이는 조금 당기는 대신 힘을 많이 줘야 하고, 바깥쪽 문은 많이 당기는 대신 힘을 조금만 줘도 된다. 이것이 바로 일의 원리다. 문을 여느라 한 일은 문이 열리면서 한 일의 값과 같아야 한다. 따라서 회전축에서 거리가 멀리 떨어질 경우 회전하는 거리도 커지므로 힘을 적게 줘도 된다. 그러나 회전축에서 거리가 가까운 경우에는 회전

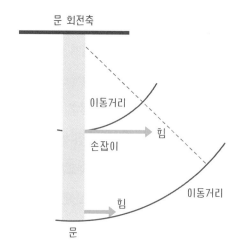

하는 거리가 작으므로 힘을 강하게 줘야 문이 열리면서 일의 효과가 같아진다.

이 원리를 잘 알고 있다면, 바람이 불어서 문이 계속 닫히는 곳에 문을 살짝 열어 놓고 싶을 때 좋은 방법을 생각해 낼 수 있다. 문을 열어 둔 상태에서 소화기 같은 것을 문의 회전축 가까이 두지 말고 가장자리에 두면 문이 안 닫히고 고정될 것이다. 그러나 무거운 소화기라 하더라도 회전축 가까이에 둔다면 손잡이로 문을 살짝 잡아당겨도 문이 닫힐 것이다.

이뿐만이 아니다. 가위로 종이 한두 장을 자를 때는 상관없지만 여러 장을 동시에 자르려면 큰 힘이 필요하다. 가위의 회전중심 가까이에 큰 힘을 받을 종이를 두고 회전축 멀리에서 힘을 주면 큰 힘의 효과를 볼 수 있다. 육각렌치로 나사를 조이거나 풀 때 손잡이가 멀리 있으면 가까이 있는 것보다 적은 힘으로 센 힘을 발휘할 수 있다.

프로 야구 경기에서 나무 방망이를 쓰는 이유

야구공을 칠 때는 가벼운 방망이가 좋을까, 무거운 방망이가 좋을까? 가벼운 방망이는 쉽게 휘두를 수 있어서 빠른 속력을 낼 수 있다. 그리고 방망이를 쉽게 통제할 수 있다. 그러나 플라스틱처럼 마냥 가벼우면 야구공을 치기는커녕 부러질 것이다. 한편 무거운 방망이를 쓰면 큰 운동량으로 공에 더욱 큰 충격량을 가할 수 있겠지만 큰 속도를 내기 힘들다. 또한 방망이를 쉽게 통제할 수도 없다. 따라서 자신에 맞는 적당한 무게의 방망이를 사용해야 한다.

야구방망이에 맞은 공이 더 멀리 날아가도록 반발력을 높이면 무조건 좋을까? 생각하기에 따라 다를 것이다. 홈런과 안타가 자주 나올 것이고 투수에게 직접 날아가는 공은 생명에 위협이 될 정도로 위험하다. 아마추어 야구에서는 가볍고 멀리 날아가는 알루미늄 방망이를 쓰기도 하지만 프로 경기에서는 나무 방망이로 규제하는 이유는 반발력을 줄이기 위함도 있다. 한편 힘을 크게 가하기 위해서 짧은 방망이가 좋지 않을까 생각해 볼 수도 있다. 하지만 공을 때리는 속력은 느려질 것이다. 휘두르는 궤적이 짧기 때문이다.

✖

땀나는
실험

시소를 탈 때 무거운 사람이 회전축과 가까이 앉아야 가벼운 사람과 힘의 균형을 맞출 수 있다. 회전축에서 가까운 곳에 있으면 더 큰 힘을 줘야 판을 회전시킬 수 있기 때문이다. 전통놀이인 널뛰기를 할 때도 시소를 탈 때처럼 회전중심을 조절해야 균형을 잘 잡을 수 있다.

양궁에 숨겨진
물리법칙

✖

탄성에너지와 작용·반작용

양궁은 우리나라의 대표적인 효자 종목이다. 궁수들은
과녁에서 50미터 이상 멀리 떨어진 곳에서 대체 어떻게
흔들림 없이 활을 쏘는 걸까? 과녁의 한가운데에
정확히 명중하는 화살을 보고 있으면 무척이나
짜릿하다. 과녁의 10점 부분을 맞히는 것도 대단한데,
가장 한가운데에 있는 조그만 카메라 렌즈를 깨뜨리는
순간은 지켜보는 이들에게 두 눈을 의심할 만큼의
놀라움을 선사한다.
화살의 운명은 궁수가 활에 쌓는 탄성에너지에 달렸다.
당겨진 활시위를 놓는 순간 저장된 탄성에너지가
탄성력을 통해 일을 하게 되고 활과 화살의
운동에너지로 변환되어 활이 날아간다.

물체가 변형되면 원래 상태로 돌아가려는 성질이 탄성이다. 이 성질 때문에 탄성이 있는 물체는 원래 상태로 돌아가려는 힘이 발생한다. 이를 탄성력이라고 한다. 활도 탄성이 있는 나무를 이용하기 때문에 휘게 하면 탄성력이 생긴다. 궁수가 활시위를 당기려면 활의 탄성에 대해 힘을 주며 잡아당겨야 한다. 즉, 탄성력에 대한 일을 하게 된다. 그러면 당겨진 활은 탄성에너지를 가진다.

탄성에너지는 탄성력을 통해 일을 하게 된다. 활시위를 놓으면 탄성에너지가 일로 바뀌면서 동시에 운동에너지로 변환된다. 활시위에 활을 올려 놓으면 활시위가 주는 탄성력 때문에 활이 힘을 받는다. 활시위에서 화살이 떨어질 때까지 활은 힘을 받으며 가속하게 된다. 활이 주는 충격량 때문에 화살은 운동량이 생긴다.

활시위를 당기고 화살을 활에 놓은 뒤에 활을 잡던 손과 화살을 동시에 놓아 보자. 어떤 일이 생길까?

활시위와 화살 사이에 작용·반작용이 발생하면서 활은 뒤로 날아가고 화살은 앞으로 날아간다. 화살과 활의 무게가 비슷하다면 같은 속력으로 날아가겠지만 화살이 활보다 훨씬 가볍기 때문에 활은 천천히, 화살은 빠르게 날아간다.

하지만 탄성이 화살에 작용하는 시간과 화살이 활시위에 작용하는 반작용은 같은 시간 동안 작용하기 때문에 화살이 받는 충격량과 활이 받는 충격량은 같다. 따라서 활이 받은 운동량과 화살이 받은 운동량의 크기는 같고 방향이 반대이기 때문에 두 운동량의 합은 0이 된다.

이론상 화살과 활의 질량이 같다면 서로 반대편으로 같은 속력으로 날아가겠지만 실제는 공기의 저항도 고려해야 해서 공기의 저항이 적은 화살이 더 빨리 날아간다.

궁수가 활을 놓지 않고 활시위만 놓는다면 화살만 날아가고 활은 제자리에 남는다. 활과 화살사이에 작용·반작용이 작용해 화살이 날아가는 반면 활은 뒤로 빠지려는 힘이 생긴다. 이 힘에 대한 반작용 때문에 활을 잡은 손은 뒤로 밀리는 힘을 받게 된다. 마찰이 없다면 사람과 활이 뒤로 이동하겠지만 바닥과의 마찰력 때문에 바닥에 뒤로 미는 힘을 주고 활과 궁수는 제자리에 서 있을 수 있다. 마찰력 때문에 지구는 뒤로 밀려야 하겠지만 지구의 질량이 워낙 커서 밀리는 속도는 무시할 수 있다. 바닥과의 마찰이 없다고 하더라도 궁수와 활의 무게가 화살에 비해 엄청나게 크기 때문에 뒤로 밀리는 효과를 무시할 수 있다.

활과는 달리 대포는 엄청난 폭발력으로 날아간다. 그래서 포탄을 쏘아주면 질량이 큰 대포라도 뒤로 밀린다. 힘을 받을 때는 힘을 받는 시간을 고려해야 하고, 물체가 운동을 할 때에는 질량을 고려해야 한다. 따라서 충격량이 큰 경우 운동량이 커서 질량이 큰 물체도 운동의 변화속도 변화가 생긴다. 물론 상대적으로 질량이 작은 포탄은 엄청난 속도로 날아간다. 안정적으로 포탄 또는 총알을 발사하기 위해서는 발사대를 엄청 무겁게 만들면 포탄이 날아가는 충격량과 같은 크기의 충격량을 받아도 뒤로 밀리는 속도는 보잘것없이 작아진다.

소총으로 사격을 할 때 사용법을 정확히 숙지하지 않고 방아쇠만 당기다간 얼굴에 멍이 들 수 있다. 총알이 날아가는 속도가 워낙 빠르기 때문에 총알이 가진 운동량이 크고, 같은 운동량만큼 소총이 뒤로 밀리게 되는데 얼굴을 총이 어깨에 닿는 부분인 개머리판 근처에 두었다가는 반동으로 얼굴에 충격이 가해진다. 따라서 소총 사격을 할 때에는 개머리판을 어깨에 바짝 붙인다. 개머리판에 어깨 패드까지 달면 총알이 발사하는 동안 가해지는 충격의 시간을 길게 만들어 순간순간 작용하는 힘의 크기를 낮출 수 있다. 운동량의 변화만큼 충격량으로 가해지는데 충격이 가해지는 시간을 늘림으로써 충격력 즉, 가속하는 크기를 낮출 수 있기 때문이다.

다음 그래프는 개머리판이 어깨에 가하는 충격력을 시간에 따라 나타낸 것으로 S_1은 어깨 패드가 없을 때 어깨에 가해지는 충격량을, S_2는 어깨 패드가 있을 때 어깨에 가해지는 충격량을 나타낸다. 두 충격량은 같지만 순간 가해지는 최대 힘은 S_2에서 더 줄어든다.

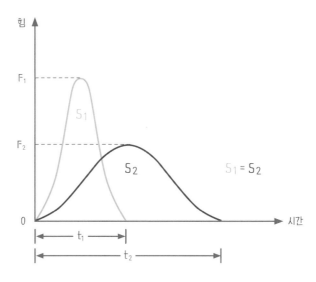

S_1: 어깨 패드를 사용하지 않을 때
S_2: 어깨 패드를 사용할 때

눈에 보이지 않는 공기의
무서운 힘

고대 그리스의 철학자 아리스토텔레스가 자연을 설명한 방식은 2천여 년 동안이나 진리처럼 통했다. 그때는 물체에 힘을 주면 움직이고 힘을 빼면 멈춘다는 생각이 너무 당연했다. 예를 들어 돌멩이가 던져져 날아가는 현상을 이렇게 설명했다. 돌멩이를 던지면 그 전에 돌멩이가 있던 공간이 진공 상태가 된다고 생각했다. 그러면 그곳으로 공기가 밀려들어 오면서 돌멩이를 밀어 준다고 보았다. 이 생각은 지금 보기에는 터무니없지만 아주 오랜 세월 동안 진리처럼 여겨졌다. 이는 나중에 뉴턴의 제1법칙으로 설명할 수 있게 되면서 아리스토텔레스의 이론은 사라졌다.

그렇다고 해서 공기가 아무런 기능을 하지 않는 것은 아니다. 실제로 눈에 보이지는 않는 공기가 날아가는 물체에 많은 일을 하고 있음이 항공역학과 스포츠 역학에서 드러나고 있다.

하늘에서 떨어지는 빗방울을 맞아도 아무렇지 않은 이유도 공기가 있어서다. 공기가 없다면 빗방울의 힘만으로도 지상에 있는 물건들이 다 파괴될 것이다. 대기현상이 일어나는 지표면에서 10킬로미터 높이까지의 대기권에서 구름과 빗방울이 만들어질 수 있지만 낮은 비는 보통 1.2킬로미터 높이의 구름에서 만들어진다. 지구의 중력가속도에 의해 빗방울이 떨어지며 속도가 점점 빨라지면 지면에서는 시속 550킬로미터 정도의 속력을 내게 된다. 고속도로에서 자동차의 속력이 시속 100킬로미터라는 것을 알면 얼마나 큰 속도인지 감이 잡힐 것이다.

버려진 인공위성끼리 충돌한 뒤 생겨난 조각, 로켓이나 우주왕복선에서 벗겨진 페인트 조각 등의 우주 파편은 아무리 작더라도 영화 〈그래비티〉에서 나온 장면처럼 우주정거장에 충돌해 큰 위협이 될 수 있다.

비행기가 이착륙할 때 가끔 새와 비행기가 충돌해 엄청난 사고로 이어지는 것을 보면 공기의 저항력이 얼마나 중요한지 새삼 느낄 수 있다. 빠른 속도로 움직이는 비행기는 엄청나게 무겁지만 공기를 이용해 하늘을 날 수 있다. 비행기가 빠르게 움직이면 윗부분은 공기의 지나가는 경로를 길게 하고 아랫부분은 경로를 짧게 한다. 비행기의 동체와 만났던 공기가 위아래로 나뉘어 움직인다. 위아래로 나뉜 공기가 다시 만나는 과정에서 동체 윗부분의 공기 흐름이 빨라진다. 이때 아래쪽 흐름은 느려서 공기 압력의 차이가 발생한다. 시속 300킬로미터가 넘어가는 속도에서는 비행기를 들 정도의 압력이 발생해 비행기가 하늘을 뜬다. 요트와 윈드서핑의 경우도 돛의 형태가 돛을 중심으로 좌우의 공기 속도차를 만들어 심지어 바람이 부는 곳으로도 나아갈 수 있도록 만든다.

중학교

과학 1
II. 여러 가지 힘
    1. 중력과 탄성력
    2. 마찰력과 부력

과학 2
VI. 일과 에너지 전환
    1. 일과 일률
    2. 일의 원리
    3. 에너지
    4. 역학적 에너지 전환과 보존
    5. 에너지 전환과 보존

VII. 자극과 반응
    1. 감각 기관(1)
    2. 감각 기관(2)
    3. 신경계

과학 3
I. 전기와 자기
    3. 전기에너지

VII. 외권과 우주 개발
    1. 별의 성질
    3. 우주 개발과 탐사

VIII. 과학과 인류 문명
    1. 첨단 과학 기술과
       다른 분야의 통합
    2. 미래의 과학 기술과
       우리 생활

고등학교

찾아보기

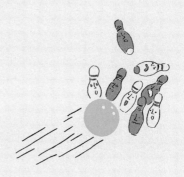

뛰고 보니 과학이네?

운동으로 배우는 물리학

초판 1쇄 발행 2019년 3월 14일
초판 2쇄 발행 2020년 5월 20일

지은이 김형진
펴낸이 김한청

기획 원경은 책임편집 이한경 편집 차언조
디자인 김지혜
일러스트 백두리
마케팅 최원준, 최지애, 설채린
펴낸곳 도서출판 다른

출판등록 2004년 9월 2일 제2013-000194호
주소 서울시 마포구 동교로27길 3-12 N빌딩 2층
전화 02-3143-6478 팩스 02-3143-6479 이메일 khc15968@hanmail.net
블로그 blog.naver.com/darun_pub 페이스북 /darunpublishers

ISBN 979-11-5633-232-9 44400
ISBN 979-11-5633-230-5 (세트)